父母必读 养育系列图书

崔玉涛 谈自然养育

看得见的发育

崔玉涛 著

北京出版集团公司

北京出版社

图书在版编目（ＣＩＰ）数据

看得见的发育 / 崔玉涛著. —— 北京 ：北京出版社，
2016.5
（崔玉涛谈自然养育）
ISBN 978－7－200－12067－7

Ⅰ．①看… Ⅱ．①崔… Ⅲ．①婴幼儿 —— 哺育 Ⅳ.
①TS976.31

中国版本图书馆CIP数据核字（2016）第076656号

崔玉涛谈自然养育

看得见的发育

KAN DE JIAN DE FAYU

崔玉涛 著

*

北 京 出 版 集 团 公 司
北 京 出 版 社 出版
（北 京 北 三 环 中 路 6 号）
邮政编码：100120

网　　　址：ｗｗｗ.ｂｐｈ.ｃｏｍ.ｃｎ

北 京 出 版 集 团 公 司 总 发 行
新 华 书 店 经 销
北 京 华 联 印 刷 有 限 公 司 印刷

*

720毫米×1000毫米　16开本　10.5印张　100千字
2016年5月第1版　　2017年9月第3次印刷
ISBN 978－7－200－12067－7
定价：32.00 元
质量监督电话：010–58572393

序言

从医近30年，坚持医学科普宣教也有16个年头了。回想起这些年的临床工作和科普宣教，发现家长对孩子的养育不仅是越来越重视，而且越来越理智。为此，现今的医学科普不仅应该告诉家长一些我们医生认为适宜的结论性知识，更应该给他们讲述儿童生长发育的生理和疾病发生、发展的基本过程，这样才能使越来越理智的家长们正确对待儿童的健康和疾病。

基于这些，产生了继续写书的冲动。试图通过介绍儿童生长发育生理、疾病的基本过程，加上众多的实际案例，与家长一起了解、探索儿童的健康世界。儿童的健康不仅包括身体健康，也包括心理健康。而医学不仅是科学，又是艺术。如何用科学+艺术的医学思维，让发育过程中的儿童获得身心健康，是现代儿童工作者的努力方向。

本套图书试图从生长发育、饮食起居、健康疾病等范畴，从婴儿刚一出生至青少年这人生最为特殊的维度，通过一些基础理论和众多案例与家长及所有儿童工作者一起探索自然养育。

自然养育的基础首先应该全面了解儿童，而每个儿童都是个性化儿童。如何利用公共的健康知识指导个性化儿童的成长？自己的孩子与邻家的孩子有太多不

1

同，该如何借鉴别人的经验？这是众多家长的疑惑，也是很多儿童工作者的工作重心。如果能够通过众多案例向家长和儿童工作者全面介绍儿童的发育、发展规律，以及利用社会公认的方法正确评估个性儿童的发展，会有利于真正全面了解成长中的个性儿童。只有全面了解了个性儿童，自然就会给予恰当的指导，这就应该是自然养育。

本套图书共12册。已出版的第一本介绍了儿童生长的奥秘，本书将介绍与发育有关的事情。生长是可以通过度量衡单位测量，连续监测即可给予准确评估的过程；而发育是循序渐进、阶梯式发展的，没有具体的数字标准，但又必须准确判断，它是与生长并存的过程。所以人们经常将两部分内容，用同一词语"生长发育"来表示。 本书仍然沿用《崔玉涛谈自然养育 理解生长的奥秘》一书的风格将理论与实例结合，希望家长和儿童工作者能通过此书对婴幼儿发育有更为全面与准确的了解，认识到婴幼儿的生长和发育不仅在时间上，而且在重要性上是并存的。希望此书能够对科学促进婴幼儿全面健康发育起到触发、引路的效果。

在此，感谢10多年来父母必读杂志社诸位朋友一如既往的支持。从2002年1月到今天，从《父母必读》杂志每月1期的"崔玉涛大夫诊室"专栏，到《0~12个月宝贝健康从头到脚》，又到《崔玉涛：宝贝健康公开课》，再到现在出版的《崔玉涛谈自然养育 看得见的发育》，一路的支持与帮助，为我坚定医学科普之路提供了强大的助力。

还要感谢所有支持我的家长、医学同道和我的家人，感谢你们无私和真诚的帮助！

2016年3月18日于北京

目录

第一章　发育　追寻的点点历程　　　　　　　1

发育，决定他的将来　　　　　　　　　　　2

　　简说发育　　　　　　　　　　　　　　2

　　是什么在影响发育　　　　　　　　　　3

发育，宝宝成长历程　　　　　　　　　　　4

发育，年龄分期　　　　　　　　　　　　　6

第二章　发育　骨骼！骨骼！　　　　　　　7

颅骨发育，为大脑提供足够的空间　　　　　8

　　颅骨的神奇构造　　　　　　　　　　　8

　　骨缝为大脑发育提供足够的空间　　　　10

　　囟门闭合过早、过晚都不好　　　　　　12

　　头形异常你发现了吗　　　　　　　　　14

　　怎样发现头形异常　　　　　　　　　　17

　　偏头纠正越早越好　　　　　　　　　　19

脊柱发育，与运动发育相辅相成   21

    脊柱的发育   21

    抬头不好是缺钙吗   24

    斜颈早发现、早纠正   28

长骨发育，为站立和行走做准备   31

    臀纹不对称与髋关节发育   31

    从O形腿到X形腿的变迁   35

    生长带来的痛   39

    解读骨龄的秘密   42

    骨密度与缺钙的真相   45

乳牙发育，自然萌出与保护   48

    出牙时间与顺序   48

    乳牙的不完美   52

    寻找龋齿的发生原因   54

    预防龋齿，从第一颗牙萌出开始   56

第三章　发育　肌肉！肌肉！　　　　　　　　　59

大运动发育，水到渠成　　　　　　60

遵循自然的发育规律　　　　　　60

学看运动发育时间表　　　　　　63

走不稳是肌肉力量不够　　　　　66

大运动锻炼不能超前　　　　　　68

大运动发育迟缓　　　　　　　　70

趴着是一切运动的基础　　　　　72

精细动作，合理引导　　　　　　75

张开手，精细动作发育的起点　　75

趴着锻炼精细动作　　　　　　　77

小手需要多体验　　　　　　　　80

精细动作训练别超前　　　　　　82

精细动作锻炼需要引导与陪伴　　85

第四章 发育 语言！认知！	**87**
语言，从理解到表达	**88**
语言启蒙需要"话痨"	88
交流从出生开始	90
说话晚是不会说还是不用说	92
顺利度过"电报句"阶段	95
肢体语言只是过渡阶段	96
语言跟不上思维的脚步	98
心里都知道，为什么不说	99
接触多种方言不影响学说话	100
电视不是语言老师	101
学会咀嚼帮助语言发展	101
认知，需要支持和陪伴	**103**
安静的观察与引导	103
提供自然的探索环境	105
感觉是孩子认知世界的通道	106

认知之初别离真实事物太远 107

游戏规则与现实规则要一致 108

第五章 发育 社交！心理！ 109

学会自理，迈出独立第一步 110

独立进餐是一项重要技能 110

给孩子自己穿衣的机会 112

好习惯的培养贵在坚持 113

学会如厕，自我控制的开始 114

养成收拾整理的习惯 115

家长，孩子最好的社交培训师 116

懂礼貌要从家长做起 116

打人的背后有很多意思 116

给孩子自己解决冲突的机会 118

尊重孩子的不分享 119

家庭是合作意识培养的基地 119

学会理解对方的感受	120
心理环境，健康而自由的世界	**121**
孩子不应该享受特殊待遇	121
过度关注容易让孩子自恋	122
过度呵护使孩子胆小怯弱	122
轻易满足让孩子无法学会自控	124
事事包办不利于孩子的自立	125
学会独立，才能成长	125
散养不是散漫	126
宣泄情绪需要正确引导	127
放手让孩子承担后果	127
家长是同一战壕的战友	128
第六章 发育 热点问题	**129**
40多天竖抱宝宝会影响发育吗	130
可以让宝宝趴着睡吗	130

侧睡会影响宝宝的骨骼发育吗　　　　　　　132

竖抱时为何宝宝的身子往后仰　　　　　　　133

百天宝宝趴着时抬不起头是怎么了　　　　　134

可以让宝宝早点儿学站吗　　　　　　　　　135

4个月脖子还很软正常吗　　　　　　　　　136

4个月的宝宝站立时无力是否正常　　　　　137

4个月的宝宝可以经常斜坐着吗　　　　　　138

可以让5个月的宝宝经常练习坐吗　　　　　139

看东西时眼球向内集中是对眼吗　　　　　　139

宝宝为何经常用手抓耳朵　　　　　　　　　140

宝宝囟门一直没有扩大是异常吗　　　　　　142

是不是囟门闭合越晚越好　　　　　　　　　143

出牙顺序颠倒是缺钙吗　　　　　　　　　　144

经常穿纸尿裤会影响腿部发育吗　　　　　　145

刚学步时脚后跟外偏要纠正吗　　　　　　　146

宝宝多大可以使用学步车　　　　　　　　　147

走路时右脚向外撇正常吗　　　　　　　　　147

穿纸尿裤会使男宝宝将来不育吗　　　　　　148

站立时脚尖着地正常吗　　　　　　　　　　149

骶尾部为何出现小窝　　　　　　　　　　　150

穿连体衣会导致罗圈儿腿吗　　　　　　　　151

2个月的宝宝可以躺在提篮式手推车里吗　　152

爬得过早会影响腿部发育吗　　　　　　　　152

不经过爬直接走路会不会影响宝宝的发育　　153

后记　　　　　　　　　　　　　　　　　　**155**

第一章

发育
追寻的点点历程

　　发育是孩子身体和心理的成长过程，他会笑、会说、会站、会走……在孩子的发育过程中，我们所要做的是尊重孩子发育的自然规律，在他的发育过程中，用耐心和爱心陪伴他慢慢成长。

发育，决定他的将来

虽然在生活中提及发育（development）与生长（growth）两个儿童成长过程，我们今天习惯用"生长发育"一词，但实际上，这两个过程没有先后、不分主次。

简说发育

"生长"是指各器官、系统、身体的长大过程，是量的变化，可以用度量衡测定，有相应测量值的正常范围，比如，世界卫生组织2006年和2007年发布的儿童生长曲线。因此，生长比较容易评估，只要定期测量，连续监测，通过生长曲线很容易评估生长过程的点滴。而发育是指细胞、组织、器官功能上的分化与成熟，是机体质的变化，也包括情感、心理发育成熟的过程，它不能用数量指标来衡量，所以很难通过"标准"进行衡量，即使是双胞胎的发育也会有差异，但并不能用正常与否进行评估。为此，非常困扰家长的问题就是如何理解和评估孩子的发育。

从生物学上定义发育，是指生命现象的发展，是一个有机体从其生命开始到成熟的变化，是生物有机体自我构建和自我组织的过程，并不仅指个体由儿童向成年人过渡的青春期过程。提起发育，很多家长关注的焦点往往集中在担心孩子发育过早，也就是专指性发育过程。实际上，儿童发育包括运动、语言、认知、个人－社会、心理和行为多方面。

是什么在影响发育

发育迟缓是指孩子在生长发育过程中出现速度放慢或顺序异常等现象，其发病率在6%～8%。发育迟缓多指6岁之前因各种原因（包括脑神经或肌肉神经、生理疾病、心理疾病、社会环境因素等）所导致的，在认知发展、生理发展、语言及沟通发展、心理社会等发展或生活自理等方面出现的发育落后或异常。

影响发育的因素很多，通常包括以下几个方面：

◉ 遗传。个体生长发育的特征、潜力、趋向、限度等都受父母双方遗传因素和种族、家族遗传因素的影响。

◉ 营养。均衡合理的营养素与积极的喂养方式和环境是儿童生长发育的营养物质基础。

◉ 运动。在合理的营养条件下，系统、合理地进行运动对生长发育具有明显的促进作用。特别是儿童正处于快速生长发育阶段，各组织器官在结构和功能上具有很大的发展潜能和可塑性，适宜的运动能增强新陈代谢，促进运动器官的发育，而且能全面增强大脑皮质和全身各系统、各器官的健康生长。

◉ 疾病。急性感染性疾病多会暂时影响生长，对发育影响甚微，但慢性疾病却会在影响生长的同时影响到发育。因此，定时给儿童进行健康体检和适当的慢性疾病筛查尤为重要。

◉ 气候和季节。气候和季节对发育有一定的影响，但影响力很微小，不用过度关注。

发育，宝宝成长历程

第1个月

- □ 手脚能自主活动
- □ 注视母亲的眼睛
- □ 开始发声

第2个月

- □ 俯卧抬头
- □ 眼随物转头至中线
- □ 咕咕发声
- □ 会微笑

第3个月

- □ 俯卧抬头45°
- □ 眼随物转头过中线
- □ 从仰卧位翻成侧卧位
- □ 能笑出声

第12个月

- □ 独站表现良好
- □ 扶走表现良好
- □ 有意识地叫爸爸妈妈
- □ 会指认身体几个部分

第11个月

- □ 独站片刻
- □ 拇指、食指熟练对捏拿起小东西
- □ 有意识地发一个字音
- □ 懂得常见物名称

第10个月

- □ 会爬
- □ 可扶走几步
- □ 会用手势表示"欢迎""再见"
- □ 会发"da-da""ma-ma"等简单音节

1岁半

- □ 能模仿成人做简单的体操动作
- □ 能拉着娃娃或小汽车来回走
- □ 能模仿成人说话
- □ 遇到困难会寻求成人帮助

2岁

- □ 会双腿蹦
- □ 能一页一页地翻书
- □ 爱问为什么
- □ 喜欢跟年龄大的小朋友玩

第4个月

- □俯卧抬头90°
- □眼随物转头180°
- □会握拨浪鼓
- □见到人会笑

第5个月

- □扶坐片刻
- □会翻身
- □转头找声源
- □咿呀发声

第6个月

- □独坐片刻
- □抓住近处玩具
- □叫名字转头
- □开始认生

第9个月

- □会扶站
- □拇指、食指捏取小物件
- □持续追逐玩具
- □能模仿声音

第8个月

- □独坐较稳，不摇晃
- □用手掌或手指抓到小物件
- □会换手拿玩具
- □能分辨熟人与陌生人

第7个月

- □较稳地独坐
- □伸手够远处玩具
- □寻找丢失玩具

2岁半

- □能一只脚登上楼梯
- □会将方形纸对折
- □能用语言简单评价和支配他人
- □能帮助成人做些简单的事情

3岁

- □可以单腿跳
- □能够用积木搭出门的形状
- □会自己刷牙

发育，年龄分期

不同年龄阶段，儿童发育有各自的典型性特点，所以才会有相对的年龄分期。

● 胚胎发育期。从卵子和精子结合至此后8周内，各组织、器官、系统迅速分化发育，并初具人形的阶段称为胚胎发育期。

● 胎儿期。8周后至出生时为胎儿期，各器官进一步增大，发育逐渐完善，胎儿迅速长大。

● 婴儿期。出生后到满1周岁时为婴儿期。这个时期是孩子出生后生长发育最迅速的时期。

● 幼儿期。1周岁后到满3周岁之前为幼儿期。此期发育速度较之前缓慢，尤其在体格发育方面，但活动范围渐广，接触周围事物越来越多，智能发育与之前相比较为突出，语言、思维和应人应物的能力也在增强。

● 学龄期。从入小学起（6~7岁）到青春期开始（女孩12岁，男孩13岁）之前称学龄期。此期体格发育仍稳步进行，除生殖系统外，其他器官的发育到本期末已接近成人水平，脑的形态已基本与成人相同，智能发育与以前相比更成熟，控制、理解、分析、综合能力增强。

● 青春期。女孩从11~12岁开始到17~18岁，男孩从13~14岁开始到18~20岁称青春期，但个体差异较大，有时可相差2~4岁。此期特点为生长发育在性激素作用下明显加快，体重、身高增长幅度加大，第二性征逐渐明显，生殖器官迅速发育并趋向成熟。此时，一方面由于神经、内分泌调节不够稳定，常引起心理、行为、精神方面的不稳定；另一方面由于接触社会增多，遇到不少新问题，外界环境产生越来越大的影响。

孩子的发育决定他的将来，很好地认识和评估孩子的发育，加上合理地引导、干预和治疗，能够很好地促进和保证孩子健康成长。

第二章

发育

骨骼！骨骼！

　　强壮的骨骼是孩子身体能够动起来的基础。顺应孩子的自然发育规律，帮助他纠正发育路上的点点偏差，让他的骨骼发育之路正常而顺利。

颅骨发育，为大脑提供足够的空间

颅骨的神奇构造

婴儿的颅骨构造

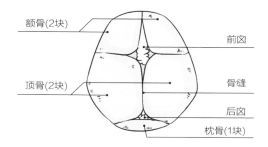

额骨(2块)
前囟
顶骨(2块)
骨缝
后囟
枕骨(1块)

从下图中可以看出，婴儿的颅骨与成人的是不一样的。

成人颅骨

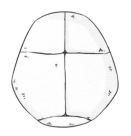

成人的颅骨虽然也是由5块骨头组成的，但它有纤维连接着，已经摸不到骨头之间的缝隙，摸起来像是一整块骨头。

婴儿颅骨

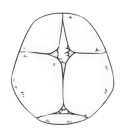

而婴儿的骨头之间是有缝隙的，因为有缝隙，就会形成一个"窗口"，前面的缝隙组成的"窗口"称为前囟，后面的缝隙组成的"窗口"称为后囟。

骨缝与囟门

正是由于颅骨之间有缝隙，孩子的大脑才有足够的生长空间。打个比方，一个东西是连着闭合的还是分开有缝隙的，二者的扩张能力是不一样的。所以，孩子颅骨结构中的骨缝与囟门能够给大脑生长留出足够的空间。

骨缝在孩子出生的时候就可以摸到，通常3～4个月开始闭合，而且此时骨缝的闭合属于纤维闭合，也就是说，从感官上摸不到缝隙了，但并不是说骨头已完全长在一起，即便在成人之后，人的颅骨依然由5块组成，而不是一个完整的球形，这种闭合也叫感官闭合，并不是解剖闭合，解剖闭合是指几块骨头最后长成了完整的一块。

大脑顶着骨头长

3岁之前，孩子的大脑发育比较快，这时大脑的发育特点是"大脑顶着骨头长"，而不是骨头限制大脑长。这时，大脑起的是主导作用，为了保证大脑有足够的空间不断地发育，颅骨之间才会有缝隙，而没有闭合。

大脑发育是关键

了解骨缝和囟门的存在都是为孩子的大脑发育在做准备，那么，我们的关注重点也要跟着升级了。我们不能只是关注孩子囟门的闭合时间，而是要重点监测孩子大脑的整体发育情况。而关注孩子的大脑发育，最基本的是要了解孩子大脑的生长情况，要定时、准确地给孩子测量头围，记录他的头围生长曲线。如果只关注囟门闭合的时间，仅从囟门闭合的时间去判断孩子是不是患了佝偻病，这种观点是不科学的。

骨缝为大脑发育提供足够的空间

豆豆5个月的时候，妈妈某天无意中发现豆豆的骨缝还没有闭合，周围的朋友说这是缺钙，建议给豆豆补钙。于是，豆豆妈妈带着豆豆来找医生："我们宝宝5个月了还有骨缝，以前没有给他补过钙，现在是不是应该补啊？骨缝不闭合，我们都不敢给他理发，洗头也特别小心，万一伤到脑子可咋办呀？"

骨缝自然的缝隙

很多家长和豆豆妈妈一样，特别担心孩子大脑的骨缝，恨不得它赶快闭上，闭合的时间比别的孩子晚一点就特别担心。其实，孩子的骨缝闭合年龄一般在3~4个月，但稍晚一些也是正常的。

骨缝未闭合，没那么可怕

家长之所以担心孩子有骨缝，不外乎两个方面：一是认为骨缝闭不上是孩子缺钙了，实际上，骨缝闭合的早晚与是否缺钙没有关系。二是总觉得孩子的骨缝没闭上时不能碰孩子的头，担心一不小心会把里面的大脑碰坏了。

其实，孩子的大脑除了有颅骨的保护，还有软脑膜、硬脑膜等至少8层组织结构在保护它，所以，家长不用过于担心骨缝未闭合时孩子的大脑很轻易地就会被损伤。"绝对不能摸宝宝颅骨未闭合的那块地方。""一旦摸那块未闭合的地方，孩子的大脑就会损伤。""只有骨缝闭合了，孩子才能说话，如果骨缝闭不上，孩子就永远不会开口说话。"……这些说法完全是无稽之谈，没有任何道理。

　　骨缝和囟门的存在可以保障大脑的生长发育，这是正常的生理结构。它跟会不会说话、大脑损伤等都没有关系。很多家长因为这样的担心而不敢给孩子洗澡、理发、清除头垢，其实是没有必要的。家长完全可以正常护理孩子，不用觉得这件事特别可怕。

囟门闭合过早、过晚都不好

宝宝妈和糖糖妈边带孩子边聊天，听说宝宝1岁半前囟就闭合了，而和宝宝一样大的糖糖前囟还没有闭合，糖糖妈开始担心了：我看好多书上都说前囟闭合的平均时间是18个月，我家糖糖已经18个月了，前囟还没有闭合，是不是宝宝的大脑发育有问题？真焦虑啊！

囟门和骨缝闭合的参考时间

我们可以通过下面的图表来了解孩子囟门和骨缝大小及闭合时间。囟门是颅骨接合不紧所形成的骨间隙，有前囟、后囟之分。后囟位于枕骨上，呈三角形，约在孩子出生后1～2个月时闭合。家长们经常关注的"天窗"或"囟门"主要是指前囟。前囟位于前顶，呈菱形，出生时前囟对边距离有1.5～3厘米。如图所示，1.5～3厘米指的是对边距离，不是对角距离。前囟的闭合时间约在孩子出生后1～2岁，一般在18个月闭合。18个月是平均值，1～2岁是正常范围。正常范围的数值是给家长一个判断的标尺，让他们能够分清楚什么情况下孩子的发育是正常的，什么情况下孩子的发育是非正常的，而一旦孩子不在正常值范围，家长就要关注，必须带孩子看医生。

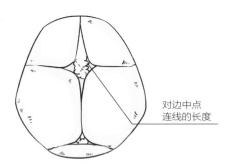

对边中点
连线的长度

囟门和骨缝大小及闭合时间表

囟门及骨缝	出生（厘米）	闭合年龄
前囟	1.5~3	1~2岁（平均18个月）
后囟	0.5 (部分出生即闭合)	1~2月
骨缝	能感觉到	3~4月

囟门闭合不是越早越好

　　"让囟门早点闭合"是一个错误的观点。囟门的缝隙是为了给大脑生长留出余地。出生后的头3年是孩子大脑生长最旺盛的阶段，囟门太早闭合，大脑的生长没有足够的空间，发育就不可能那么顺利了。家长常常将囟门闭合的早晚或囟门的大小作为判断孩子是否缺钙的指征，认为囟门闭合早比较好，其实，囟门闭合越早，问题越大。囟门闭合太早的实质是骨骼定型了，这等同于给正在生长发育的大脑戴上了一个"紧箍咒"。有一种病叫狭颅症，指的就是颅缝闭合太早导致孩子频繁出现神经系统惊厥的病症。

囟门闭合别跨越最后时限

　　糖糖妈妈的焦虑也是很多妈妈遇到过的情况，当孩子没有达到发育的平均参考值的时候，妈妈的焦虑会提升，其实，大多数孩子的前囟闭合时间可能会比平均时间偏早或偏晚，很少有孩子恰好卡在平均值上，家长不必过于担心，只要孩子2岁以内囟门闭合，就都是正常的。

头形异常你发现了吗

看谁眼睛尖，看看这个可爱的宝宝有什么不对劲的地方？

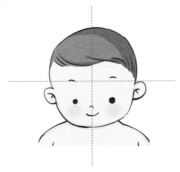

妈妈A：脸的左右好像不对称。眼睛也好像一大一小！

妈妈B：宝宝的脸是不是有点歪呀？

妈妈C：耳朵一边高一边低。

确实如这几位妈妈所说的那样，这个宝宝虽然很漂亮、很可爱，但他的脸是一边大一边小的，耳朵不在一条水平线上，小脑袋也一边高一边低。下面这张头形图就是这个宝宝的头形俯视图，你能想象得到吗？

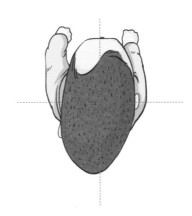

头形异常关键问题是不对称

　　头形异常的孩子不少，只不过很多家长都认为，孩子的头形不对称只是一个美观问题，而且等孩子长大后头形自然就会长好，加上头发一挡，即使头形不是很完美，也没什么大问题，对孩子的生长发育影响不大，所以粗心的家长并不当回事。

　　下面这些孩子的头形，都属于头形异常。可能有的家长会说，各花入各眼，你觉得这种头形不好看，我还觉得挺好看的呢。确实，南方人和北方人对孩子头形就有不同的要求，也不能说哪种头形就一定好看，哪种头形一定不好看，但有一点很重要，那就是要对称，不能是歪斜的。通过下面的头形异常图，可以清晰地看出这些头形都是不对称的。

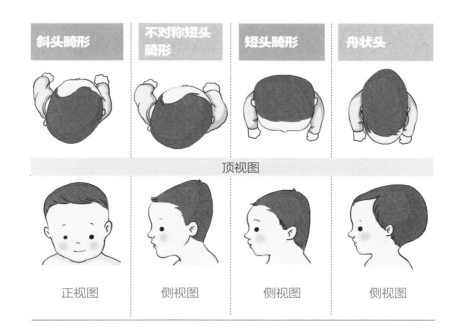

头形不对称隐藏的问题

头形长得不对称，不仅影响美观，也是影响颅骨发育的一个很重要的因素，还会影响孩子的面部和五官的功能。

就拿前面图片中的孩子来举例说明，孩子虽然长得很可爱，但他的头形是不对称的，有的地方歪了，有的地方隆起。隆起是因为头形歪的地方被挤而造成的。孩子的眼睛左边小、右边大，耳朵左边低、右边高，由于两侧的不对称发育，他的视力发育会受到影响。因为如果眼睛一只大一只小、一边高一边低，孩子看东西就不能集中在一个点上，时间久了，一只眼睛会变成主视眼，另一只眼睛就会变成弱视，这就是生物进化论的"用进废退"原则。

同样的道理，这个孩子的听力和牙齿也会出现问题。由于孩子的头歪，他两侧下颚就会不对称，两边脸的长短也会不一样，两侧脸颊能够容纳牙齿的位置也不一样，牙齿排列就不整齐。为什么西方国家的人很少拔智齿，而中国人拔智齿的特别多呢？因为我们一般习惯于让孩子平躺着睡觉，这样睡出来的头形是左右两侧相对宽，而颌骨的前后距离相对短，是扁平头形。而外国人一般会让孩子趴着睡或侧着睡，脸相对比较窄，但前后距离相对比较长。因为中国人的颌骨比外国人短，容纳牙齿的位置相对少，所以智齿就没地方长了，需要拔掉。

怎样发现头形异常

晓晓妈妈是在月子中心坐的月子。因为晓晓经常吐奶，所以每次喂完奶后，护士都会让晓晓朝右侧身躺一会儿。晓晓满月回家后，妈妈总觉得晓晓的两边脸不一样大。宝宝的头形、脸形是不是对称的？妈妈很想知道判断的方法。

5张照片发现头形异常

分别给孩子从前面、后面、左面、右面、上面照5张不同角度的头部照片，一正、一后、一左、一右、一上，把这5张照片平行排列在电脑里，就能够发现孩子的头形是否异常。如果左面和右面是对称的，前面和后面是对称的，上面的头形形状也是对称的，说明孩子的头形没有异常。如果他的右边比左边高一些，左半部分比右半部分小一些，说明头形不对称。通过5张照片的对比就能看出问题，而且能发现头形朝哪一侧偏，纠正起来也有针对性。

孩子的头发有的密有的稀，有的长有的短，如果按平常的样子给他照相，我们看见的是头发的形，而不是头形。现在要观察头形，总不能为了这个给孩子剃光头吧？怎么办？我们可以给他找一个头套套上，这样就能尽量减少头发对头形判断的影响。上哪儿找头套？好找，妈妈的丝袜就可以！丝袜能把头发压瘪，但是不会给孩子的脑袋太剧烈的压力，对小脑袋没有任何不良影响。

双胞胎更容易头形异常

双胞胎更容易出现头形异常的问题。因为妈妈的子宫里空间有限，两个孩子在里面容易互相挤推，与单胎孩子相比，头形不对称的概率会增大。

5张照片发现头形异常的具体方法

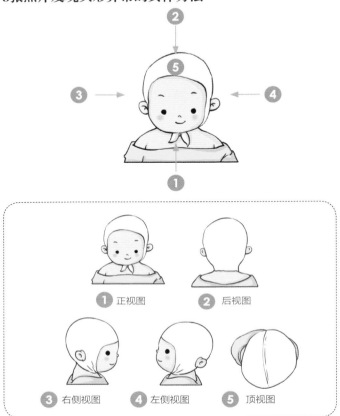

① 正视图　　② 后视图

③ 右侧视图　　④ 左侧视图　　⑤ 顶视图

头形测量，快速识别头形异常

　　现在有专门的仪器可以测头形，它由48个照相机全方位同时拍摄，1.5秒就能测完。自动生成头形的三维影像图和一些具体数值。这种测量是非创伤性的，任何时间都可以做，但目前国内只有个别医院有这种测量仪器。

偏头纠正越早越好

为了给刚满月的晓晓测量头形是否正常，妈妈给晓晓的小脑袋套上丝袜，让她当了一回"劫匪"。好在晓晓没有妈妈想象的那么抗拒。虽然照相过程顺利，但妈妈却高兴不起来，因为她发现晓晓的头形确实有问题：两边不对称，右大左小。这下可怎么办？妈妈来到医院求助医生。

6个月以内：调整睡姿纠正

孩子6个月之前，颅骨还很软，所以比较容易通过人为调整的办法来改善头形，可以在家里用简单易行的方法来纠正孩子的头形。像上面这位妈妈，她的孩子刚刚满月，连翻身都不会，这是最好的调整时期。如果孩子再大些，会翻身了，他可能就不会那么乖乖地任你摆布了。孩子侧躺时，朝下的一侧长得快，朝上的一侧长得慢。

如果发现孩子头一边高一边低，或者脸一边大一边小的时候，可以让孩子侧躺着睡觉，让长得快的那一侧朝上。

长得快那侧的脸
或者头部朝上

孩子平躺时，在他长得快的地方垫上一块小毛巾，让这一侧稍微高一些。过一段时间，孩子的大小脸就会改善很多。

长得快的地方垫
上一块小毛巾

6个月以后：用头盔治疗

孩子6个月之后，严重的偏头需要头盔来帮助矫正。通常，孩子戴上头盔若干月以后头形会有明显改善。头盔治疗的原理是对鼓出来的地方施加一些压力，把需要生长的地方留出空间来，从而引导颅骨生长，这与孩子3岁之内大脑顶着骨头长，不是骨头限制大脑长的发育特点相符。头盔是根据孩子的特殊头形量身定制的，它给孩子的颅骨构建一个特别的空间引导其生长，让头形逐渐对称。孩子使用头盔的时间是3～4个月，其间每两个星期调整一次。

脊柱发育，与运动发育相辅相成

脊柱的发育

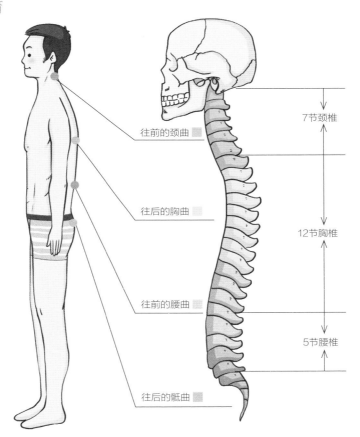

往前的颈曲

往后的胸曲

往前的腰曲

往后的骶曲

7节颈椎

12节胸椎

5节腰椎

看看上面这张图，你有什么感觉？左侧的人看着很挺拔，站得直直的，而从右图可以看出， 人站起来时其实不像一根直棍一样，而是有弯曲的，即颈前曲、胸后曲、腰前曲、骶后曲，有了这4道弯，人才能站得住。

4道弯曲随发育而逐渐出现

脊柱的4道生理弯曲不是一出生就有的，而是随着孩子的发育在不同阶段逐渐形成的。从下面的图可以看出，在孩子能够自如地抬头之后，颈前曲得以形成；在孩子自己能够坐得很好之后，胸后曲形成；在孩子开始能够扶着站起来以后，腰前曲形成；在孩子能站稳、能走的时候，骶后曲形成。

所以，如果孩子还不会做某个动作，脊柱弯曲就不会出现。比如，孩子不会抬头，颈前曲就无法形成；不会坐，胸后曲就出现不了。而生理弯曲是跟孩子的运动发展相辅相成的。如果没有很好的运动，自然就不会出现弯曲。家长如果从来不让孩子趴着，那么孩子的颈前曲就不会形成，即使到了4个月时，让他趴着，他抬头也抬得不好。

脊柱发育图

年龄	动作		肌肉群	脊柱弯曲
3个月		趴	颈后肌	颈前曲
6个月		坐	腰肌	胸后曲
12个月		走	下肢肌	腰前曲

生理弯曲可以帮助脊柱减压

由于每个孩子的运动发展和肌肉群发展都不一样，因此脊柱发育不能用特别精准的时间点来衡量，而且脊柱的发育与孩子的运动发育和肌肉群发育是相辅相成的，需要协调来看。

这也是我们不鼓励过早地竖着抱孩子，不鼓励孩子过早坐、过早站的原因。孩子这些动作的形成其实是需要有生理基础的，如果生理弯曲没有形成，强行让他做一些动作会给孩子的脊柱带来压力，从而造成伤害。

身体形成的生理弯曲就好像弹簧一样，可以减压、减震，而直的东西承受压力和震动的能力就会大大减小。因此，在同样受压的情况下，形成生理弯曲的脊柱比没有形成生理弯曲的脊柱受损要少。所以，只有孩子的颈后肌肉强壮，能够抬头，形成颈前曲之后才可以竖着抱；只有孩子的腰肌强壮，形成胸后曲之后才能坐稳；只有孩子的下肢肌肉强壮，腰前曲形成之后，才可以走。

一根直棍受压被折断

弹簧受压有弹性，不会被折断

抬头不好是缺钙吗

　　4个月的牛牛非常可爱。牛牛出生后一直是纯母乳喂养，胃口总是棒棒的，身长和体重增长都很好，可就是有一件事令家人有些不安——别的同龄宝宝都会抬头了，看起来很健壮的牛牛却不会像别的宝宝那样抬头，全家人为此开始了各种担心和争论：

　　妈妈："爷爷、奶奶平时太娇惯牛牛了，总爱抱着牛牛，要不就是让他躺着，不让趴，说是会压坏心脏。没有经过很好的锻炼，牛牛发育肯定要比小伙伴落后啦。"

　　奶奶："牛牛骨骼这么软，肯定是缺钙造成的！我看邻居家的孩子天天补这补那的。我们该给牛牛多补一些钙，说不定牛牛的发育就会追上了。"

　　爸爸："我觉得每个孩子的发育速度是不一样的，动作发育有的晚、有的早，着急也没用，不如再等等看。"

　　……

　　奶奶说："孩子的问题哪能等。"很快，家人就带着牛牛去医院了。经过检查，牛牛的生长发育没什么异常，血液检查也证实血钙水平正常，只有维生素D含量低于正常值。这下牛牛的家人彻底迷惑了，难道真的不是缺钙才导致牛牛抬头晚吗？

有些问题，不一定跟缺钙有关

　　枕秃、出牙晚、睡眠差、动作发育落后……面对孩子发育中出现的一些问题，很多家长往往不约而同地想到补钙！家长重视补钙，是因为他们小时候普遍都补过钙，那时候食物远没有现在这么丰富，很多孩子都缺钙。如今孩子的饮食很丰富，身体所需要的钙从食物中摄取已经足够了，缺钙不再是普遍问题。也就是说，正常喝奶、吃饭的孩子是不容易出现钙缺乏的。

　　牛牛的抬头动作发育迟缓，并非缺钙的缘故，而是由于平时缺乏锻炼导致肌肉力量不够。家中老人对孩子呵护过度，4个月大了都没让他趴过，这让孩子严重缺少锻炼肌肉力量的机会。肌肉的力量是需要锻炼来获得的，与是否补钙没有任何关系。孩子肌肉的发育顺序是从头到脚，最先能够控制的是头部，随后才获得手臂的力量，接着学爬、学站、学走。孩子满月之后甚至更早的时候，就可以让他趴下来，慢慢抬起小脑袋，锻炼颈部和背部的肌肉。由于孩子的骨骼及关节组织都比较软，一般不会因为趴着或抬头而受伤。等到孩子三四个月大的时候，自然就能自己抬起脑袋坚持三四分钟了。

有些头部较大、肌肉比较松弛的孩子，在抬头等支配身体能力的发育上会有些迟缓，但家长不要因此就着急或担心，只要根据孩子的具体情况确认他在不断地发育成长，就可以确定孩子是健康的。

佝偻病的真正原因是缺乏维生素D

家长担心孩子缺钙影响骨骼发育，其实担心的就是孩子患上佝偻病。很多人都认为孩子患佝偻病是缺钙引起的，殊不知，佝偻病的真正原因是孩子体内缺乏维生素D，因此，佝偻病又被称为维生素D缺乏性佝偻病。体内缺乏维生素D会影响孩子对钙的吸收及钙在骨骼中的沉积，从而影响骨骼发育。

家长很重视微量元素的检查，认为给孩子检查微量元素能知道孩子缺什么，然后按照检测结果缺什么，补什么。其实，微量元素检测出来孩子缺钙，孩子未必就真的缺钙，可能只是身体发育比较迅速。如果微量元素检查出缺钙，则需要考虑钙是否完全吸收了，这时，适量补充维生素D就可以解决这个问题。补充维生素D非常简单，阳光充足时，带着孩子可以到户外晒晒太阳，身体自身就能够合成维生素D。

维生素D缺乏时钙的吸收率是 10%~15%

补充了维生素D吸收率可以达到 40%以上

　　家长现在应该改变思路，关注的重点不再是缺钙这个现象本身，而应该考虑钙是不是得到了充分的吸收和利用。如果钙得不到充分利用，即使补得再多也没有效果，而如果利用得好食物中的钙就能够满足孩子生长发育的需要，不必额外补充钙剂。

如何判断孩子是否缺乏维生素D

　　也许有的家长会说，既然维生素D那么重要，那就给孩子吃点儿吧。家长可不能这么随意，因为维生素D是脂溶性维生素，摄入过多会中毒。吃多了不行，吃少了也不行，怎么办？

从下图我们可以看到，不同年龄的孩子，喂养方式不同，摄入的维生素D量也不同。

纯母乳喂养的孩子	配方粉喂养的孩子	再大一些的孩子

一天要摄入400个国际单位的维生素D。	要根据配方粉喂养的量来计算需要摄入的维生素D含量。	要根据饮食的状况摄入适量的维生素D。

400个国际单位是一个常规推荐量，同样400个国际单位的维生素D，不同的孩子吃了以后效果也不一样。如何判断孩子是否缺乏维生素D？方法很简单，去检查一下孩子体内维生素D的水平，通过手指末梢血的检测，很快就能知道结果。如果检测出孩子体内的维生素D低了，就要增加口服量；如果高了，就要减少口服量。

牛牛的血液中维生素D含量偏低，因此，需要在医生指导下摄入适量的维生素D。

维生素D缺乏性佝偻病的确诊，除了需要综合病史、体检、抽血检查之外，最重要的诊断方法为左腕部X线检查，它可以反映孩子骨骼的改变程度，能帮助临床对活动性佝偻病进行分期，是诊断佝偻病的金标准（权威标准）。也就是说，孩子是否患有佝偻病，是由这个检测结果来确诊的。

斜颈早发现、早纠正

　　杉杉刚4个半月。在杉杉3个多月练习抬头时，细心的妈妈就发现她的头总是不自觉地向右偏。起初妈妈并没有当回事，可后来杉杉偏头更明显了，两只眼睛、脸形不对称，这才引起全家人的重视。去医院一检查才知道原来是斜颈。现在，爸爸妈妈特别关心的是宝宝的斜颈会不会越来越严重，该如何及早进行矫正？

斜颈在新生儿中较常见

　　斜颈俗称歪脖子，是因颈部两侧肌肉强度不一致，造成头歪斜或转向一侧的现象。斜颈最明显的表现是可以看到孩子的脖子是歪的，好像扭到了一样。斜颈的原因主要包括先天性和后天性两种，大多数孩子的斜颈属于先天性斜颈。

　　新生儿出现斜颈比较常见，因为出生前，胎儿蜷曲在子宫里空间狭小，随着胎儿不断生长，颈部会因为空间的限制而逐渐扭曲起来，以协调身体适应子宫内的空间。出生后，他的头部就会偏向颈部肌肉较短的一侧，出现斜颈。

　　除了以上原因，斜颈也可能是因为出生后的某些原因导致的。比如，当孩子的头部某一处比较平，他会就势歪斜；或者父母总是让孩子以同一种体位躺着，时间长了也会造成孩子喜欢将头部保持同一种姿势，造成体位性斜颈。体位性斜颈会造成颈部反复向一个方向扭曲，导致颈部一侧的肌肉逐渐变短。

判断斜颈有方法

　　判断孩子是否有斜颈，家长可以在家中进行自查，也可以带孩子

到医院检查，医生通过简单的查体就能确定孩子是否有斜颈。

斜颈自查有方法：在孩子安静、放松的时候，将他放在床上，让他以最舒服、最自然的姿势平躺。如果他头部的中线轴与身体的中线轴间有明显的角度，就有可能是斜颈，需要马上看医生。

斜颈纠正，越早越好

及早发现斜颈非常重要，越早治疗效果越好。尽早诊断并采用物理按摩颈部肌肉较短的一侧，不仅能够及早纠正斜颈，还可以预防偏头和面部发育不对称等并发现象的出现。如果家长在生活中多注意，斜颈矫正起来并没那么难。斜颈症一般在1岁前用物理疗法治疗效果很好，出生1个月之内是最佳治疗期，通常两三个月就能治好。

对于患有斜颈的孩子，建议睡觉时采用与倾斜侧相反的体位，如果孩子不喜欢往另一侧歪头，可以让他侧身睡。

当给孩子玩玩具时，家长可以用玩具吸引他将头部转向与倾斜侧相反的方向。

家庭斜颈矫正方法

横着抱孩子时，要让有问题的一侧向上。

另外，可以通过趴着抬头训练孩子颈部的肌肉。

当有家长在旁照顾时，还可以给孩子佩戴颈托。

长骨发育，为站立和行走做准备

臀纹不对称与髋关节发育

文文妈妈着急地带文文来到诊室："崔大夫，我今天给宝宝洗澡时，发现他的臀纹不对称。我在网上查了，说臀纹不对称是髋关节发育不良，我的宝宝如果真是髋关节发育不良可怎么办呢？！"

臀纹不对称 ≠ 髋关节发育不良

下图是文文的臀部照片，我们可以清楚地看到，臀纹确实是不对称的。那么问题就来了，臀纹不对称是否表示孩子的髋关节发育不良？

髋关节由两块骨头组成。一块凸面，向外的骨头被一块凹面，向内的骨头包着。如果髋关节发育正常的话，孩子可以正常地抬腿、行走。如果髋关节发育不良，今后会存在明显的行走困难。

那么，孩子的臀纹不对称与髋关节发育之间到底有没有关联呢？有关联，因为臀纹不对称不一定是髋关节发育不良，但是髋关

节发育不良一定会出现臀纹不对称。

　　既然臀纹不是判断髋关节发育不良的最好依据，那用什么方法才能初步判断孩子的髋关节发育是否有异常呢？

在家如何检查髋关节发育异常

第一步：屈腿。

　　让孩子平躺在床上，将他的双腿并拢并屈起来，双脚踩在床上。观察孩子的两个膝关节是不是对称的，包括是不是上下一样高、前后一样齐。如果髋关节有错位，说明双侧髋关节的位置是不一样的，所以屈腿时的高度就不一致，或者前后不一致。

2个膝关节水平高度是否一样？前后是否对齐？

第二步：外展。

　　双手握住孩子的膝部，将他的膝关节同时向外侧推，看他两侧外展的角度是否对称。不管外展的角度是大是小，只要是对称的，就说明髋关节发育正常，如果不对称，说明外展受限的那侧髋关节有问题。

有的家长会问，如果两侧髋关节都错位，外展不也是对称的吗？
其实不是，即使双侧髋关节都错位，也会出现外展不对称的情况。

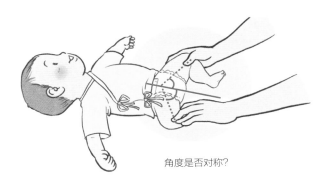

角度是否对称？

第三步：旋转。

双手握住孩子的膝盖，轻轻向外旋转，如果听到有"咔嗒"的声音，就要怀疑有声音的那一侧有髋关节发育不良的可能。

听是否有"咔嗒"的声音。

髋关节脱位的治疗方法

如果发现孩子可能有髋关节发育不良的问题，一定要及时就医，发现的早晚与治疗的方法有很大关系，越早治疗，方法越简单。

名称	具体方法
纸尿裤治疗法	这是最先采用的方法，通过给孩子多穿几层纸尿裤来保证他双腿的相对外展，帮助髋关节复位。
模具治疗法	通过穿戴模具来达到帮助髋关节复位的目的。
石膏固定法	在比较严重的情况下，需要做石膏固定。
手术治疗	上面各种方法均告失败后，只能用手术治疗的方法了。

髋关节脱位的提醒

一次检查并不能确定孩子的髋关节发育是否异常，因为发育是动态的过程，所以，在孩子出生后的几个月内都要注意检查，尤其是有异常迹象时，保健医生也会在每次体检时为孩子做重点检查。如果到了6个月仍然没有发现问题，才能说明孩子的髋关节发育是正常的。

孩子被确诊为髋关节发育不良后，有的家长担心孩子受罪，希望采用吃药的治疗方法。发育的事情不是靠吃药就能解决的，一定要听从医生的建议，而且一旦开始治疗，就不能断断续续，而要保证24小时尽量穿戴纸尿裤或模具，这对家长和孩子都是考验，家长要安抚好孩子，同时要调整好自己的心理，帮助孩子顺利康复。

从O形腿到X形腿的变迁

嘉嘉正在学走路，妈妈无意中发现：宝宝那胖乎乎的小腿看上去怎么不直啊？拍照后一发朋友圈，大家都说是O形腿，有的说是缺钙，有的说要绑腿，也有的说能自己长好，还有位妈妈说："我2岁半的儿子小时候也是O形腿，现在呢，变成X形腿了，怎么就没有直的时候呢？！"

从O形到X形的腿部发育过程

O形腿或X形腿指的是髋、膝和踝的关节三点不在一条直线上，如图所示。A显示的是O形腿，B显示的是X形腿。

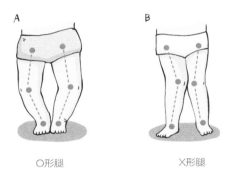

O形腿   X形腿

刚出生的孩子小腿都会有一定的弯度，这与胎儿时期身体常处于蜷曲的状态有关，属于正常现象，不是真正的O形腿。随着孩子慢慢长大，他的腿又会向X形发展，随后才慢慢长直。从下图就可以看出这一发育特点，大多数孩子都会出现由O形腿到X形腿的变化，但很多孩子的O形腿和X形腿都是生理性的，是腿部正常的发育趋势。这种畸形腿绝大多数都在正常范围内，可以自然变直。

O形腿、X形腿发展图

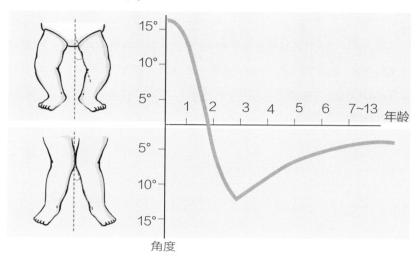

O形腿、X形腿的判断方法

家长可以在家里做个简单判断：在孩子入睡后或完全放松时，让他平躺，轻轻将他的两腿并直。

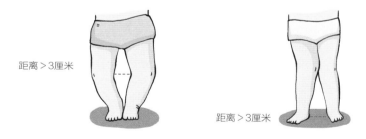

距离＞3厘米

当髋和踝关节在一线时，膝关节距离大于3厘米，就是O形腿。

距离＞3厘米

如果孩子的膝关节并拢时，踝关节间的距离大于3厘米，就是X形腿。

孩子膝关节的发育是关系到腿部活动、负重的大问题，还直接影响孩子今后的美观、身高和长大后的自信心，应该尽早发现、尽早诊治。只要家长认为孩子膝关节不正常，或者感觉和别的孩子不一样，就应该带孩子去医院检查，早期诊治不仅可以早期干预治疗，还可以发现和预防其他的疾病。

轻微缺钙不会导致O形腿

轻微缺钙不会导致O形腿，但如果是严重的佝偻病，会并发O形腿或X形腿。家长想通过捆绑住孩子的双腿来纠正O形腿或X形腿效果并不好，我们应该根据孩子的情况补充维生素D，预防孩子出现佝偻病。

家长要想预防孩子出现O形腿或X形腿，应该从保护他的膝关节做起。在孩子的下肢还未发育成熟时，让他早早在家长腿上蹦，过早扶着孩子站或走，都会造成他的膝关节承受较大的压力，对膝关节的正常发育产生不利影响，从而造成O形腿或X形腿。所以，不要过早让孩子学站、学走，要遵循孩子自然的发育过程，尊重孩子发育的节奏，不必急于做超前的事。

大多数O形腿、X形腿都会自然消失

孩子一天天长大，逐渐学会了站立，然后是蹒跚学步。随着孩子的直立、行走，下肢开始负重，腿部的肌肉也得到了锻炼、加强，这时，孩子的双腿开始缓慢地向垂直趋势发展，大腿和小腿逐渐成为一条直线，最终长成到正常的形状。

大多数孩子在可以灵活地走、跳、跑，也就是大约在学龄前后的

阶段，小腿就可以发育得比较直了。但有的孩子这一转变过程却比较缓慢，要到青春期发育前才能完成。总之，青春期之前的膝关节畸形大部分是可以自愈的，家长不必担心。

生长带来的痛

3岁的瑶瑶这两天晚上老是说腿疼，缠着妈妈给她揉腿。奇怪的是，瑶瑶白天腿并不疼，照样蹦蹦跳跳。妈妈仔细检查女儿的腿部，并没有发现红肿，按压腿部，瑶瑶也不会疼痛。邻居说，这是孩子在长个儿呢。可是妈妈还是不放心，带瑶瑶到医院做检查。医生检查后告诉瑶瑶的妈妈，这是典型的生长痛，并无大碍。

生长痛是一种正常的生理现象

生长痛是发生在孩子腿部的一种疼痛，通常发生在夜间，有时也发生在下午。大约有25%～40%的生长痛发生于年龄在3～5岁的孩子中，8～12岁的孩子中也比较多见。绝大多数生长痛都是一种正常的生理现象，不需要特殊诊治。

为什么会发生生长痛

● 骨骼生长迅速。儿童尤其是3～5岁的儿童，骨骼生长迅速，而四肢长骨周围的神经、肌腱、肌肉的生长相对慢一些，因而产生牵拉痛。

● 代谢产物堆积。孩子过度活动或发育过程中组织代谢产物过多，不能迅速排泄，会引起酸性代谢产物的堆积，从而造成肌肉酸痛。

● 胫骨内弯。孩子开始学步时，小腿的胫骨较弯曲，为了适应这种现象，人体会代偿性地出现一定程度的膝关节外翻。随着身体的生长，大多数孩子依靠腿部肌肉的力量会逐渐使胫骨内弯和膝关节外翻这两种暂时性的畸形得以矫正，而少数孩子没有及时矫正，为了保持关节的稳定，腿部肌肉必须经常保持紧张状态，所以就会出现疼痛。

生长痛和长个儿、缺钙无关

有些家长经常把生长痛与长个儿联系起来，自然就会有这样的疑问：我的孩子从来没有出现过生长痛，是不是他长得太慢？将来会不会长不高？其实，生长痛是一种正常的生理现象，痛不痛完全是个体差异，与身高无关。有过生长痛的孩子将来不一定长得很高；同样，没有出现生长痛的孩子也不一定会个子矮。

生长痛与缺钙无关，钙充足的孩子也有可能出现生长痛，补钙对生长痛的缓解并没有多大帮助，因为生长痛的原因并不在骨骼，而且过量补钙会引起其他方面的副作用，比如大便干结等。

生长痛不耽误运动

由于生长痛经常发生在孩子白天有较大的运动量之后，家长常常认为孩子的疼痛是因运动过量或者是受伤而引起的，甚至因此而限制孩子参与运动。其实，生长痛只是孩子生长过程中的常见现象，有生长痛的孩子仍然应该坚持正常运动，特别是适量的户外运动。增加运动有利于提高孩子的体质，促进生长发育。但如果疼痛比较厉害时，应该注意让孩子多休息，让肌肉放松，不要进行剧烈活动。

缓解生长痛

尽管生长痛是孩子成长过程中出现的一种正常现象，但它毕竟会给孩子造成疼痛，使孩子的生活和情绪受到一定的影响，因此，我们要对孩子的生长痛给予关注、安抚，必要的时候可以给他做物理按摩。家长可以参考下面的方法：

● 在疼痛的部位给孩子做按摩，直到疼痛减轻。

◉ 用热毛巾在孩子疼痛的部位做热敷。

◉ 帮助孩子轻柔地伸展和屈曲疼痛部位，直到疼痛缓解。

◉ 在生长痛发作的时候，让孩子适当休息，晚上睡觉前给他用热水泡脚。

◉ 用讲故事、做游戏、玩玩具等方法转移孩子注意力，对待孩子要比平时更加温柔、体贴，家长的鼓励和精神支持才是最重要的镇痛良方。

| 0 | 1 | 2 | 3 | 4 | 5 | 6 | 7 | 8 | 9 | 10级 |

不痛　　　　轻微的　　　引起不适感　　具有窘迫感　　严重的　　　不可忍受
　　　　　　疼痛　　　　的疼痛　　　　的疼痛　　　　疼痛　　　　的疼痛

　　绝大多数生长痛仅是轻微的疼痛，而且很快就会缓解。如果疼痛按程度分为10级，生长痛也就是1分的疼痛值，孩子在父母轻柔的按摩和安抚下，会很快恢复。但是，如果孩子有下面这些情况，需要带他去看医生：

◉ 肢体长时间或持续性疼痛。

◉ 出现严重的关节疼，或者给他按摩时他有明显的疼痛反应。

◉ 疼痛特别厉害，已经干扰了孩子正常的生活，而且关节出现肿痛。

◉ 受过外伤的地方出现疼痛、发热，局部伴有红肿或皮疹。

◉ 孩子出现走路困难、肢体无力的现象。

解读骨龄的秘密

出生后的涵涵一直是个爱吃、爱玩、爱笑的小家伙，生长发育良好，给全家带来了极大的欢乐。可是，上幼儿园之后，由于不适应幼儿园的集体生活，涵涵一直生病，不是发烧就是咳嗽，三天两头请假，而且胃口也不好，吃得非常少，一年来身高就没什么变化。妈妈着急了，上个月带着涵涵在医院做了骨龄测试，结果显示：4岁的涵涵骨龄只有3岁。妈妈咨询医生：要不要给孩子打生长激素？

骨龄代表孩子长高的潜质

人的生长发育可用两个"年龄"来表示，即生理年龄（实际年龄）和生物年龄（骨骼发育的年龄，也就是骨龄）。一个人身高的增长更多依赖骨骼的生长，而不仅依赖于生理年龄。骨龄是骨骼年龄的简称，用X线检查测定不同年龄儿童长骨干骺端骨化中心的出现时间、数目、形态的变化，并将其标准化，即为骨龄。骨龄同体重、身高等生理指标相比，能更精确地反映孩子的实际发育水平，是人体生长发育的重要标尺，一旦孩子出现生长过慢或过快，就需要及时检测骨龄。

检测骨龄测手腕最准确

长骨的生长点不在中间而在两端，是从骨骼两端往外拉着长，就像我们拉手风琴一样。所以，检测骨龄的时候，要看骨头的两端。那为什么要测手腕这个部位呢？我们从下面这张图可以看出来，局部范围内骨头数量最多的是手掌，集中了大量的长骨、短骨和圆骨，可以反映全身骨骼的生长和成熟状况。给孩子做骨龄检测时，通常要拍摄左手腕处的X光片来确定骨龄，这种方法操作简便、结论准确。

局部范围内骨头数量最多的是手掌，可以反映全身骨骼的生长和成熟状况。所以，给孩子做骨龄检测时，通常要拍摄左手腕处的x光片来确定骨龄。

解读骨龄偏小、偏大

　　骨龄代表骨骼的发育年龄，如果一个5岁的孩子骨龄正好也是5岁，那说明他生长发育的速度是最合适的。如果5岁的孩子骨龄检测显示为3岁，则表示他现阶段长得慢，这时候家长不用太担心，因为他有长高的潜力。相反，如果一个5岁的孩子骨龄检测显示为7岁，那么这时候家长就应该留心了，这叫早长，预示着孩子将来可能个子会比较矮，因为他的骨龄比实际年龄大，他生长的时间就会短。我们可以回忆一下小学时的小伙伴，小学一年级在班里按高矮的排位，毕业时排位顺序已经不一样了，一年级时排在前面的，可能毕业时因为个子高排到后面去了。而一年级时个子最高的，毕业时可能就不是最高的了。

- 骨龄与年龄之差 ±1岁以内，称为发育正常。
- 骨龄与年龄之差大于1岁的，称为发育提前（早熟）。
- 骨龄与年龄之差小于1岁的，称为发育落后（晚熟）。

在各种条件相同的情况下，晚熟者身高增高的潜力更大。

何时需要检测骨龄

一般情况下，孩子的骨龄与实际年龄是一致的。但在疾病状态下，骨龄与实际年龄往往不一致。如果孩子长得正常，就没有必要做骨龄检测，也不要把骨龄当成一种常规检查。只有发现孩子长得过快或过慢时，才需要测骨龄。

除了真正需要治疗的过矮身材外，正常身高的孩子在发育期间是不主张用药的，如果真的觉得孩子需要增高，应该及时到正规医院儿科咨询，由医生给孩子做骨龄检测等相关检查后，再来判断是否需要进行人为干预即生长激素治疗，切不可盲目信赖各式各样的增高保健品、增高药、增高仪，因为其中很可能含有对身体健康不利的成分与方法，随意给孩子服用药物，使用不恰当的增高方法反而得不偿失。科学增高要从合理营养、适量运动、充足睡眠入手。

骨密度与缺钙的真相

　　森森刚满1岁，最近体检时刚测了微量元素，结果显示：钙、镁、铜、锌、铁、铅都是正常的。但是森森有比较严重的湿疹，一直没吃配方粉（牛奶蛋白轻度过敏）和鸡蛋（鸡蛋重度过敏），身长比同龄宝宝矮一些，而且只长了两颗牙，晚上睡不踏实，所以妈妈又带着他做了骨密度检测，检查结果表明骨密度偏低。这下森森妈妈糊涂了：为什么血钙浓度正常，而骨密度结果要差些？到底哪个准啊？骨密度低需要干预吗？

骨密度低不是补钙的指征

　　骨密度代表骨内钙质沉着的状况。从表面上看，骨密度低代表骨内钙质沉着不够，但从下图可以看出对不同年龄的人群，同样的骨密度检测结果意义却不同。

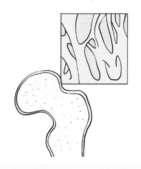

中老年人群

骨密度偏低说明中老年人缺钙，提示应增加钙质的摄入。

生长发育旺盛的孩子

骨密度偏低并不意味着缺钙。孩子的骨骼生长速度快，体内储存的钙大量用来促进骨骼生长，骨密度当然就会变低。

打个比方，家长就很容易理解为什么孩子骨密度低不用担心了。我们盖楼的时候，都是先搭架子，架子搭好了，再一层层砌砖，是不是架子搭得越高，空间越大，砖才能砌得越多？孩子骨骼中的钙也是这个原理，骨密度低，才有空间让钙进去，钙填满的时候，骨头又拉长了，这时骨密度又有点低了，钙才能再进去。骨头不断地拉长，钙就能不断地再进来。如果骨头不再拉长，没有空间让钙进去，虽然骨密度检测孩子不缺钙了，但也意味着孩子的骨头不再长了。所以骨密度低，正说明孩子最近长得比较快，从这个意义上来说，骨密度偏低通常是孩子快速成长的信号，是好现象，而不是缺钙的信号。

很多家长会问：为什么我的孩子这个月骨密度低，下个月就相对正常了？这是因为孩子的生长不是匀速的，生长比较缓慢的阶段，骨密度就相对正常；生长较快速的阶段，骨密度就相对偏低，所以，千万不要以骨密度低作为判断缺钙的标准。

骨密度检测不是常规检查项目

骨密度不是为婴幼儿设计的一项检查，正常情况下检测骨密度意义也不大。如果一个孩子的骨密度总是保持正常，那他就不会再长个儿了。因为在生长的过程中，骨密度总体要有低的区域，这样钙才能进到骨骼里面去。如果骨骼中没有钙低的区域，钙进不去，个子自然就不长了。

在判断孩子生长发育是否正常时，只做骨龄和骨密度检测并不能说明问题，两个检测可以作为参考，但不能作为唯一的指标，任何检查项目都不能孤立地来看，需要与临床表现、其他辅助检查综合分析才有意义。正常情况下，不建议家长带孩子去做骨龄和骨密度的检测。另外，对孩子而言，无论是检测头发还是抽取血液查微量元素，都没有实际的医学价值。

孩子的生长发育特点示意图

斜线向上

阶梯状

生长发育处于相对停滞期，骨密度就高。

生长发育处于快速期，孩子骨密度就低。

尊重孩子的发育特点

孩子的生长发育不是斜线向上的，而是阶梯状的。如果某个阶段孩子正处于生长发育快速期，孩子骨密度就低；如果生长发育处于相对停滞期，骨密度就高。所以，不要拿骨龄和骨密度的检测结果来对婴幼儿生长发育进行评估。

每个孩子的生长发育速度都不相同，也有不同的发育特点，我们要尊重每个个体的发育特点。孩子的生长发育是一个长期的过程，适度生长发育不仅有利于儿童期的生长发育，也有利于成年期的长期健康。在孩子长个儿的问题上，家长需要做的是保证均衡营养，及时监测孩子的生长发育情况，千万不要沉溺于补充钙质等营养素上，否则会适得其反。

乳牙发育，自然萌出与保护

出牙时间与顺序

　　丫丫正在长牙，变得爱流口水了，而且见到什么东西都想咬，有的时候还咬妈妈的手。和丫丫一个小区的乐乐妈妈对此很是羡慕，因为乐乐已经10个月了，还没有长出一颗牙，乐乐妈妈很担心："一起玩的小伙伴都长牙了，我家宝宝的牙还是迟迟不冒头，真着急！"丫丫妈妈问："是不是因为缺钙啊？你给乐乐补钙了吗？"

乳牙在胎儿期就开始发育

　　刚出生的婴儿牙床是光秃秃的，并没有牙。其实早在妈妈妊娠的第二个月，孩子的乳牙牙胚就已经开始发育了。如果给一个新生儿拍头面部的X光片，就会惊奇地发现两排牙胚都已经在他的牙龈中央，包括他的恒牙在出生以前就已经发育了。也就是说，孩子刚一出生，牙龈里就有两层牙胚，一层是乳牙，一层是恒牙。

　　孩子出生时，有一部分乳牙已经钙化，埋伏在颌骨里，这时牙齿已经存在了，只不过它们还没有"露面"。牙齿发育分成两个阶段，一个阶段叫牙龈内长，一个阶段叫牙龈外长。牙龈内长叫"长牙"，牙龈外长叫"出牙"。在孩子出牙的前两个月，我们会看到孩子的牙龈开始变得凹凸不平，实际上就是牙龈里的牙胚在往外顶，很快，小小的乳牙就会冒出来了。

长牙时间有早有晚

　　正常情况下，孩子萌出的第一颗乳牙是下颌的中切牙，俗称"门牙"。萌出的平均月龄在6～7.5个月。下门牙萌出后不久，上门牙跟着萌出。通常，上颌相对部位的同名牙比下颌的乳牙晚1～4个月才萌出。大约在孩子2～3岁时乳牙长齐，共20颗。

乳牙萌出顺序表

出牙次序	牙位		最早到最迟萌出月龄
1	下颌中切牙	俗称"大门牙"	4~17个月
2	上颌中切牙		5~15个月
3	上颌侧切牙	俗称"小门牙"	6~21个月
4	下颌侧切牙		6~27个月
5	下颌第一乳磨牙	俗称"小磨牙"	8~27个月
6	上颌第一乳磨牙		8~28个月
7	下颌单尖牙	俗称"虎牙"	8~29个月
8	上颌单尖牙		8~29个月
9	下颌第二乳磨牙	俗称"大磨牙"	8~34个月
10	上颌第二乳磨牙		8~34个月

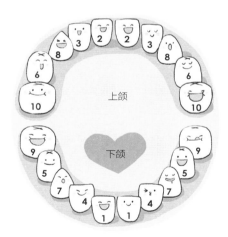

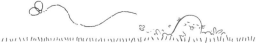

乳牙萌出的顺序和时间，不同的孩子会有差异，这与孩子出生的地区、季节、户外活动多少、添加辅食营养情况等多种因素有关。有的孩子4个月就开始出牙了，有的孩子则要推迟到11~12个月，甚至1周岁以后。出牙的顺序也是不一样的，大多数孩子是一对一对地出牙，也有少数孩子是一颗一颗地出，还有的孩子不是按常规的顺序出牙。不管出牙时间是早是晚，是否按顺序出牙，乳牙出齐后都是一样的，所以，家长在孩子出牙的过程中，无须和别的孩子去对比，更不必焦虑，因为孩子出牙的个体差异性很大。

出牙早晚与缺钙关系不大

有些孩子八九个月大了，还没有长出一颗牙，这时家长往往很着急，担心自己的孩子是否缺钙。其实，孩子长牙的早晚、快慢与是否缺钙并没有必然的联系。虽然有少数孩子确实由于佝偻病或营养不良而影响了乳牙的生长发育，但正常情况下，只要保证孩子每天能喝到足够的母乳或配方粉，并适时、合理地添加辅食，大多数孩子是不会缺钙的，家长没必要为了让孩子早长牙而补钙。只要经常带孩子到户外活动、晒太阳，并在医生指导下合理补充维生素D，促进钙的吸收就可以了。

孩子出牙的早晚，也和遗传因素有关。如果父母小时候出牙就晚，那么孩子很可能出牙也不会特别早。所以，为孩子迟迟不出牙而担心的爸爸妈妈，不妨先问问父母自己小时候是几个月时出牙的，如果自己出牙也晚，就更不必纠结孩子是不是缺钙了。

出牙的提醒和建议

● 在出牙期间，孩子喜欢咬凉的、硬的物品，以缓解牙龈的肿痛不适，家长可以为孩子选择形状、颜色和大小适合的牙胶，事先放在冰箱里冷藏，然后让孩子咬一咬。另外，孩子的餐具，比如勺子，以及表面未涂漆的硬质玩具等，在保证安全和清洁卫生的前提下，也可以让孩子啃啃、咬咬，孩子在用嘴探索物品质地的同时，也可以缓解出牙的不适。

● 有些家长为了能让孩子早点儿出牙，就给孩子吃粗粝的东西，希望磨一磨牙龈，让乳牙能早点儿长出来，这是不对的，补钙和磨牙等方法都没有促进出牙的作用，而且如果孩子磨牙磨得厉害，牙龈磨破了还会引起感染。家长应该意识到，让正在出牙的孩子咬硬一点儿的东西，是为了缓解他出牙时的不适，而不是为了磨出牙齿。

● 乳牙"在岗"的时间虽然不长，但作用却很大，因为它能让孩子学会咀嚼，能正确地发音，而且还为恒牙占好了地盘，所以一定要保护好孩子的乳牙。孩子喝完奶后要漱漱口，用干净纱布擦洗牙齿，帮他刷牙，一旦发现问题要带他看牙医。

乳牙的不完美

宝宝出牙了，对家长来说是件很开心的事，会把它当作宝宝成长的一个里程碑，各种拍照、晒朋友圈。但随着乳牙的渐渐萌出，细心的妈妈会发现一些异常情况：

小宝妈：我家小宝快4岁了，他的牙齿特别稀疏，显得牙齿很小，牙缝很大，尤其是前面的牙，牙缝大得几乎可以再塞颗牙，一点儿也不好看。听有些宝妈说，等宝宝换牙时牙缝就会消失。这种说法真的有道理吗？

奇奇妈：我家的宝宝乳牙萌出倒是挺早的，差不多5个月吧，小牙挺白的。可是，最近我发现他的牙越长越歪了，看起来有些歪七扭八的，不知道将来换牙了会不会变整齐？

乳牙牙缝大，好处多

乳牙的牙缝比较大，这是乳牙的一个特点。通常情况下，孩子的乳牙会随着颌骨的发育变宽而出现生理间隙，这是因为孩子的20颗乳牙大概在2～3岁时全部长齐，而换牙要到6～7岁时才开始，在此期间，乳牙并不会随着年龄而增大，但是排列乳牙的颌骨却在不断发育，因此乳牙之间就会渐渐出现生理间隙，也就是牙缝变大的情况。

牙缝大对孩子来说是非常有好处的，首先，较大的牙缝能为将来长出的恒牙预留空间，让恒牙有足够的空间生长，牙缝大一些的孩子，将来的恒牙才有可能整齐，如果乳牙排列得非常紧密，恒牙就有可能因为生长空间不足而导致参差不齐。其次，较大的牙缝比较易于清洁。孩子还不会自己清洁牙齿，较大的牙缝有利于家长帮助孩子清除掉牙缝中的食物残渣。因此，对于乳牙牙缝大的问题，家长不用过于担心。

我们通过下图来看看，乳牙排列不齐的原因。

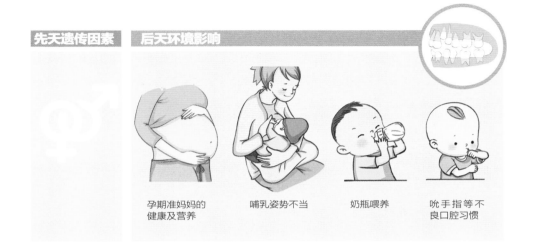

先天遗传因素　后天环境影响

孕期准妈妈的　　哺乳姿势不当　　奶瓶喂养　　　吮手指等不
健康及营养　　　　　　　　　　　　　　　　　　良口腔习惯

乳牙长歪和缺钙没关系

乳牙刚萌出时，表面可能不平整，甚至呈锯齿状，添加辅食后，孩子开始用牙咀嚼食物时，乳牙会逐渐长平。

总之，孩子的乳牙长歪和缺钙没有关系，而是和个体差异关系密切，与遗传也有一定的关系，家长不要过度担心，也不要急于矫正，慢慢等待即可。大多数情况下它不太会影响恒牙的发育，但如果长得太歪从而导致其他的牙受压，甚至产生疼痛或炎症，则需要及时到牙科就诊。

孩子在6岁左右开始换牙，乳牙开始生理性脱落，替换乳牙的恒牙相继萌出，到12～13岁时，全部乳牙将由恒牙所代替。在孩子换牙期间，家长应该密切关注孩子恒牙的生长情况，看换牙后牙齿是否还是歪的。如果在恒牙全部换完的情况下牙齿还是歪的，就需要及早进行牙齿矫正治疗。

寻找龋齿的发生原因

淘淘快2岁了，上周妈妈发现他上面两颗门牙上都有斑点，用手摸一摸，感觉有凸凹感，百度一下，说是龋齿。淘淘妈妈有点儿不敢相信：这么小的宝宝竟然也长龋齿？不过，她很快就释然了：反正宝宝的乳牙迟早是要换的，就算有问题，还有机会修补。

龋齿如何发生的

与恒牙相比，乳牙更容易患龋齿。这与乳牙的牙釉质、牙本质很薄，矿化度低，抗酸力弱有关。

龋齿俗称"虫牙"，是影响人类口腔健康的最广泛的疾病。在人的口腔里有大量的细菌，许多细菌堆积起来，混合着唾液，就会在牙齿表面形成一种稠密的、没有一定形状的细菌团块——牙菌斑。牙菌斑中的细菌以糖为养料，当它遇到食物中残留的糖就会变成酸。这些酸会附着于牙齿上，并侵蚀牙齿，时间长了，就会形成龋齿。在乳牙没有萌出之前，擦拭牙龈是不能预防龋齿的。发生龋齿，首先要有

引起龋齿的原因

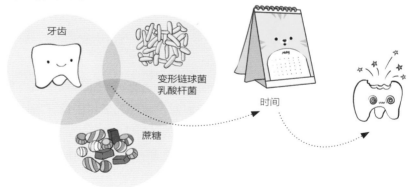

牙齿

变形链球菌
乳酸杆菌

蔗糖

时间

牙，其次是口腔里有细菌，然后与糖相遇（主要是蔗糖），三者共同作用，就会导致龋齿的发生。

孩子6个月左右时，随着第一颗牙的萌出，患龋齿的风险也随之而来。这时孩子仍以母乳或配方粉为主食，很多孩子还有喝夜奶的习惯，如果不彻底清洁口腔，牙齿上就会残留较多的食物残渣、软垢，这些都是细菌的最爱，大量细菌快乐地做着吃货，并产生酸性物质，时间久了，牙齿就会被腐蚀破坏，出现龋洞。由于乳牙的矿化程度比恒牙低，所以，乳牙龋齿的进展速度很快。从下面的这张图就能看出龋齿发生的过程。

龋齿发生的过程

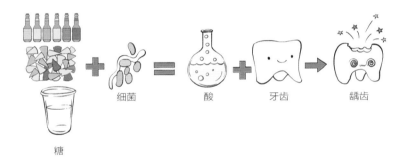

糖　　　细菌　　　酸　　　牙齿　　　龋齿

乳牙很重要，要好好保护

孩子的乳牙虽然属于暂时性的牙齿，但它们在孩子的生长发育过程中却起着相当重要的作用。乳牙除了与恒牙同样具有咀嚼食物的功能外，还有促进孩子颜面与颌面部骨骼、肌肉的生长发育等重要功能。而且，20颗乳牙还是将来恒牙长出时的"向导"——它们使恒牙继承并沿着乳牙的位置萌出。所以，保护乳牙完好是一件很重要的事情，家长千万不要忽视乳牙的健康。

预防龋齿，从第一颗牙萌出开始

6个月的萌萌出牙了，两颗下门牙冒出了尖尖角，笑起来若隐若现，可爱极了。萌萌妈妈小时候备受牙疼的折磨，特别希望萌萌有一口健康的牙齿。她向医生咨询："宝宝长出牙齿了，我们该怎么做才能保护好她的牙齿？"

养成健康的饮食习惯

不要让孩子养成晚上睡觉前抱着奶瓶喝奶的习惯。如果一定要让他拿着奶瓶睡觉，那么，奶瓶里只能装白水，绝对不能装其他含糖的饮料。孩子边喝奶或饮料，边睡觉，等于将牙齿泡在糖里，很容易导致龋齿。另外，最好在孩子满1岁前教会他用杯子喝奶、喝水，不要再用奶瓶。要少给孩子吃糖果和各种点心，这些食物对牙齿不利。

保持良好的口腔卫生

在孩子第一颗牙长出来的时候，清洁工作就要开始了。清洁牙齿时，要用一块干净的、柔软的布或者专门为孩子设计的婴儿牙刷，每天至少清洁两次，分别在早餐后和睡觉前进行。孩子喝完奶或果汁、吃完辅食后，奶液、果汁或食物会黏附在牙齿上。所以，每次喂完孩子后都要给他喝几口白开水，以冲掉残留的汁液或食物，保持牙齿的清洁。

定期做口腔检查

在孩子1岁左右，或者出牙后的6个月内，家长最好带孩子去牙科做一次检查，此后，每间隔6个月进行一次口腔检查。如果孩子说有

某个牙遇冷、热、酸、甜等刺激会疼，或者嚼东西时突然疼，都要引起重视，尽快带孩子做检查，发现孩子的牙齿上出现小黑斑更要迅速就诊，要保证"早发现、早治疗"。

给牙齿涂氟并做窝沟封闭

定期由专业的口腔医生为孩子使用含氟泡沫或氟凝胶，也就是我们常说的涂氟。有的家长在家里给孩子使用含氟的漱口水漱口，但这种情况仅适用于中、高度患龋风险的孩子，且应注意少量使用。另外，建议对孩子刚萌出的第一恒磨牙（俗称六龄齿）进行窝沟封闭。

预防龋齿，绕开这些错！

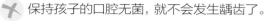 保持孩子的口腔无菌，就不会发生龋齿了。

牙面上常常附着一些细菌和菌斑，它们可使残留在口腔内的食物残渣发酵、产酸、侵蚀牙釉质，使牙齿腐烂，形成龋齿。不少家长认为，既然导致龋齿的重要原因是细菌，那么，如果能保证孩子的口腔处于无菌状态是不是就不会发生龋齿了？其实这是行不通的。口腔是向外界开放的，当我们张嘴说话或吃东西时都会导致细菌进入，不可能处于无菌状态。

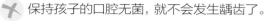 刷牙和漱口是为了消灭口腔里的细菌。

刷牙和漱口的目的不是为了去掉口腔里的细菌，而是为了解决口腔残余的食物残渣。口腔内食物残渣中的糖被细菌分解成酸性物质附着在牙齿上，时间长了就会形成龋齿。刷牙和漱口虽不会使口腔内的细菌数量锐减，但是，食物残渣肯定会大幅度减少。没有了这些残渣，尤其是残渣中的糖，细菌就不会发生分解发酵反应，也就不会腐蚀牙齿。

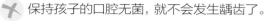 不让孩子吃糖，就不会发生龋齿了。

孩子爱吃糖，又不好好刷牙，就容易发生龋齿。但是糖不一定都是蔗糖，所以不让孩子吃糖并不能从根本上解决问题，面包、面条、米饭等淀粉类食物中都含糖，残留在口腔内，最终也会被细菌分解成酸，同样会腐蚀牙齿，导致龋齿。

第三章

发育

肌肉！肌肉！

孩子的肌肉发育是运动发育的动力，而大运动发育是水到渠成的事，我们要尊重孩子的发育规律，在他需要的时候提供一些帮助。精细动作发育需要锻炼和引导，我们要给孩子创造更多的体验机会，发展他的精细动作。无论是大运动，还是精细动作发展，我们都不能做揠苗助长的事。

大运动发育，水到渠成

遵循自然的发育规律

兜兜4个月了，妈妈带他来医院做例行体检。我给孩子检查后告诉妈妈，宝宝的生长很好，各项发育也很正常。妈妈听了很满意，然后向我提了一个问题："宝宝现在4个月了，已经会翻身了，我能不能帮他练习坐、爬和站啊？"我很奇怪，问妈妈为什么要这么做，妈妈说："我家宝宝比较胖，我总是担心他不爱动，大运动发育会比别的宝宝晚，提前帮助他坐、爬、站，他以后就能比别的宝宝提前学会这些本领，至少不会比别的宝宝晚吧！"

大运动发育有顺序

孩子的大运动发育是有顺序的，我们可以通过下面的图片来了解孩子大运动发育的顺序：从上到下，从中心到两边。所以，孩子最先学会的是抬头，然后才会撑起上身、会翻身，之后是坐、爬、站、走、跑。民间有"一举头，二举胸，三翻六坐，八爬九站立"的说法，对孩子的大运动发育做了形象的总结。

1.从上到下

2.从中心到两边

大运动发育循序渐进

　　孩子出生后，刚开始出现的是大运动，比如新生儿出生以后，医生会检查他的一些新生儿反射能力，这些反射都是大运动。我们经常看到出生不久的孩子伸胳膊、蹬腿，这些也属于大运动。但这时候孩子的控制能力还不够，无法很好地控制自己身体的各部位，所以我们经常会看见他们的小胳膊打着自己的头。随着孩子慢慢长大，他的大运动发育也慢慢成熟，这时他就能很好地控制自己的身体了。

　　从前面提到过的"一举头，二举胸，三翻六坐，八爬九站立"，这些规律可以看出，孩子的大运动发育是一个水到渠成的过程，孩子长到这个月龄，自然就具备这个阶段的大运动能力了。我们来看看下图。

2个月的孩子	8个月的孩子

家长用手托着他，他都无法坐直，摇摇晃晃的，无论是前后还是左右都无法控制身体，说明他腰部的肌肉力量还很弱，无力支撑起身体。	没有家长扶着，自己就能坐得很好，还能腾出手来拿玩具玩，说明他的腰部肌肉力量已经很强了，完全可以掌握好坐姿了。

再来看看下图，不同月龄的孩子行走能力的变化。

9~12个月的孩子

这个月龄的孩子大多数还不能独立行走，要扶着物体挪动身体。

13个月的孩子

孩子已经能够独立行走了。

尊重孩子的发育个体差异

3岁之内的孩子发育最大的现象就是个体差异很大，有的孩子12个月自己走得很好，有的孩子1岁半还走不好，这并不是孩子的发育有问题。孩子的大运动发育遵循的是水到渠成、循序渐进的规律，不是家长可以训练出来的。

面对孩子的大运动发育，家长要做的是尊重孩子发育的自然规律，耐心陪伴他慢慢成长，而不是处处跟别的孩子做对比。在孩子有爬、站、走等的意愿时，家长应该给他一些助力和推力，帮助他找到大运动的感觉，而不是早早就开始所谓的大运动锻炼。

学看运动发育时间表

　　诊室来了一位焦急的妈妈："崔大夫，我家宝宝1岁1个月了，他自己能站得很稳了，可还不会自己走路。小区里和他一样大的宝宝都会走了，比他小的宝宝有的都会走了，他还得扶着走。他的大运动发育是不是落后了？我每天都扶着他让他练习走路，怎么还是没什么效果啊？"

看表判断发育如何

　　这位焦急的妈妈担心自己的孩子大运动发育落后了，因为周围的同龄孩子，甚至更小的孩子都会走了，拿自己的孩子跟别的孩子比，妈妈就着急了。

　　看孩子的生长如何，不能以邻家的孩子为标准，要看孩子的生长曲线；同样地，看孩子的发育如何，也不能与别的孩子比。孩子的发育不是一个点，是一个时间段，也就是说，只要在这个时间段内，即使比别的孩子晚一点儿，也是正常的。

　　下面是世界卫生组织6项大运动发育时间表，通过这个表，家长可以初步判断孩子大运动的发育是否正常，当孩子的某项大运动发育出现迟缓的时候，家长也可以及时发现，及时带孩子看医生。

　　左侧浅蓝色区域代表少数孩子的发育情况，当孩子相应的大运动发展落到左边浅蓝色区域时，说明发育有一点儿超前。深蓝色区域代表的是大多数孩子的发育情况，为常见的发育区间。一般来说，大多数孩子都能在这个时间段做到相应的某项动作。右侧浅蓝色区域是表示绝大多数的孩子在这个时间段能做到某项大运动动作。如果你的孩子还做不到某项大运动动作，可能是发育有一点儿慢，也不必过于着急，每个孩子发育的情况不尽相同。但是如果某项大运动动作已经落

世界卫生组织6项大运动发育时间表

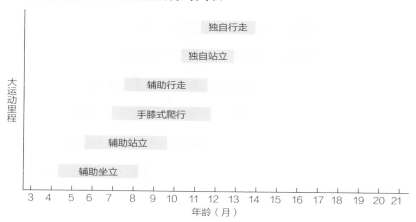

在了右侧浅蓝色区域外的空白区域，则表示孩子发育处于非正常情况，这时需要家长格外关注。

　　用孩子的月龄去对应某项大运动的时间范围，如果落在右侧浅蓝色区域之外，肯定是发育有问题了，需要马上去看医生；落在左侧浅蓝色区域或右侧浅蓝色区域中，也许是孩子的某项大运动发育快了或者慢了一些，但不一定是有问题；而落在常见的深蓝色区域之中，说明孩子的大运动发育非常正常，完全不用着急。

大运动发育时间表这样用

　　我们就拿上面那个孩子来举例,给大家普及一下这个表的具体用法。

　　表里的横坐标代表的是孩子的月龄，纵坐标代表的是大运动的发育里程。先找到孩子的月龄，然后从这个月龄的点垂直往上去对应各个大运动的范围，看看对应的点落在什么区域。

　　我们先来找到孩子的月龄点，1岁1个月，也就是13个月。从横

坐标上找到13个月这个点，向上做垂直线，看它通过这几个大运动的区域时，分别落在什么位置。

● 辅助坐立。13个月对应的是白色区域，也就是说，如果孩子还做不到这个动作，说明百分之百有问题。孩子的妈妈说孩子完全能自己坐，说明这项大运动发育是正常的。

● 辅助站立。13个月对应的也是白色区域，说明孩子在这个年龄应该要做到这个动作的。孩子的妈妈说孩子能很稳地独自站立，说明这项大运动发育他也是合格的。

● 手膝式爬行。13个月对应的是右侧浅蓝色区域，这是告诉我们，虽然绝大多数13个月的孩子已经能够手膝式爬行了，但也有一些孩子在这个年龄段还不会，这也属正常现象，可以继续观察。孩子的妈妈说孩子手膝式爬行爬得很好，说明这项大运动发育是很好的。

● 辅助行走。13个月对应的是右侧浅蓝色区域，说明这个年龄段的绝大多数孩子能做到这个动作。而孩子的妈妈告诉我，孩子可以做到辅助行走，说明这项大运动发育他是正常的。

● 独自站立。13个月对应的是右侧浅蓝色区域，说明这个年龄段绝大多数孩子已经能独自站立了，而妈妈说这个孩子独自站立很好，说明他的这项大运动发育是正常的。

● 独自行走。13个月对应的是深蓝色区域，大部分孩子在这个年龄段可以学会独自行走。这个孩子虽然还不能独自行走，但他的年龄段还处于深蓝色区域，做不到可以再等等，而且离浅蓝色区域还有1个月左右的时间，家长不用着急。等到了浅蓝色区域，也就是14个月以后孩子仍不能独自行走，家长可以再咨询医生。如果孩子18个月以后仍然不能独自行走，也就是说已经超出了右侧浅蓝色区域，这时就说明出现了异常情况，需要立刻去看医生了。

走不稳是肌肉力量不够

妈妈带着毛毛来到诊室："我儿子走路不稳，总是摔跟头。和他同龄的小朋友都走得很好了，他却还是跌跌撞撞的，真让人着急。我婆婆说孩子摔跟头是因为骨头软，所以走不稳，让我带孩子来医院看看，是不是孩子得了软骨病。我觉得她的说法挺有道理的，所以我想请您给孩子开点儿补钙的药，骨头硬了，他走路就不会摔跟头了。"

肌肉的力量很关键

走路走不稳到底是不是和骨头有关系？举个简单的例子，家长就好理解了。

大家想想以前看到的骨骼标本，是不是都有一个架子支着？如果没有架子支着，它马上就会稀里哗啦地掉到地上了。这说明了什么？说明骨骼本身并不能站起来，肌肉是使骨骼能够站起来、动起来的动力，如果没有肌肉，骨骼就是一盘散沙，根本无法独立支撑着站起来。

同样地，不管是人类还是动物，之所以能够站着不倒，能够行走、奔跑，不是单靠骨头硬就能做到的，很关键的一点是因为肌肉的力量已经足够强，健康的骨骼加上强有力的肌肉，这才能让人和动物自如地行走。所以，孩子走路爱摔跟头，或者走路不稳，都是肌肉的力量还不够强，和骨骼没有关系。

软骨病担忧不必有

上面提到的那位妈妈担心孩子是不是得了软骨病，这种担心完全没有必要，因为孩子站得很好。如果孩子真的患有软骨病，站起来时腿都是弯的，站都站不好，更不用提走路了。既然孩子站着没事，只

是走起路来不太稳，那就说明不是骨骼发育的事。

我们可以做个简单的实验，拿一根棍子和一根绳子在手里，让棍子和绳子的一端着地，同时撒手，可以看到，无论是直直的硬棍子还是弯弯的软绳子，都无法在地上立起来，这说明什么？说明不管骨头是硬还是软，都跟能不能站、能不能走没关系。

走不稳补钙没有用

钙是人体许多部位都需要的一种矿物质，它的主要功能是构建坚固的骨骼和牙齿，可以说，骨骼是人体钙的储藏库。即便钙对孩子的生长发育非常重要，我们也不能把什么问题都归因到缺钙的头上。孩子走路经常摔跤，实际上是肌肉的力量不够，与缺钙没有关系。而补钙并不能加强肌肉的发育，所以想通过给孩子补钙帮助他走得更稳，显然不会有什么效果。

大运动锻炼不能超前

　　一位妈妈带着满月的孩子到医院接种疫苗、体检。在给孩子做完例行检查后，我建议家长，在孩子清醒的时候可以让他趴着待一会儿，趴对孩子的身体很有好处。这位妈妈颇为骄傲地说："崔大夫，我们家月嫂特别有经验，不仅每天都让孩子趴着，而且自打孩子从产院回家，她就每天拉着孩子的手让孩子练习坐起来，我们孩子的运动量肯定够了。"

　　看看下图，展现了不同阶段孩子对头部的控制情况。

新生儿	6个月的孩子

在医生握着他的胳膊往上提时，他的身体虽然离开了床面，但他的头是往后仰的，我们把这样的头部姿势叫水滴状，就像水往下滴一样，是与地面垂直的，说明这个月龄的孩子还不能控制头部。孩子的颈椎虽然已经长好了，但颈部的肌肉力量还跟不上，所以身子起来了，头却不能跟着起来。	这时家长握着他的胳膊往上提时，他的头部已经完全能跟着身子一起起来了，头部和身体是呈一条直线的，这说明他颈部肌肉的力量发育得很好，已经能够很好地控制头部。

骨骼＋肌肉＝身体的控制

　　要想知道月嫂的做法是否对孩子有好处，我们先通过上图来了解不同月龄的孩子大运动发育的差异，然后根据这个差异就能判断月嫂的做法正确与否了。

　　从上面两张图我们可以知道，骨骼和肌肉运动是相辅相成的，并不是说骨头硬了孩子的大运动就能实现了，还需要肌肉力量的配合。

锻炼方式不对，有害无益

　　那位妈妈提到的这位月嫂提着新生宝宝的手，往上拉让孩子呈坐位的所谓积极锻炼的方式，不仅对孩子的大运动发育无益，而且可能对孩子的健康造成伤害，为什么这么说？因为新生儿的比例是头大身体小，颈部的肌肉力量很弱，我们抱着孩子的时候，都要很小心地托住他的脖子。如果像月嫂那样牵拉孩子的手往上提，就等于在损伤孩子的颈部。这样的做法只局限于医务人员对孩子进行测试时做。有的月嫂看到医生这么做，也学着做，但是，这个动作绝对不可以在日常锻炼中使用，家长切忌模仿。家长一定要尊重孩子发育的自然规律，循序渐进，不能操之过急。

　　面对孩子的大运动发育，家长要做的是，细心观察孩子自然的运动状态，给予适当的帮助，并耐心陪伴在他身边，当孩子经过爬、站、走等发育历程时，给他一些助力与鼓励，让他快乐地享受大运动发育，而不是盲目地开始所谓的大运动锻炼。

　　特别要提醒家长的是，早早锻炼孩子的大运动发育不仅不会令孩子的大运动发育提前，而且还可能对孩子的身体造成伤害，在孩子的发育问题上，家长千万不要做揠苗助长的事。

大运动发育迟缓

　　1岁5个月的贝贝因为还不会自己走路，被妈妈带到医院检查："医生，我家孩子都快1岁半了，还不会自己走路，我每天都坚持扶着他走路，可是一放开手，他就要倒。想请您给检查一下，看看到底出了什么问题？是不是我们教他练走路的方法不对？应该怎么帮他学走路？"

怀疑发育迟缓往回找源头

　　很多家长都问我："我的孩子7个月了怎么还不会坐？""我的孩子8个月了怎么还不会爬？"这样的问题不能独立地去看，因为大运动的发育是有顺序的，先会什么，后会什么，这个顺序是不会颠倒也不会跨越的。而每一个动作的掌握也不是一个时间点，而是一个时间段。如果孩子出现大运动发育迟缓，一定不只是某一个运动出现迟缓，可能之前的其他运动就已经出现问题了，要按照大运动发育的顺序往回找原因。看看到底在哪个环节的发育上出了问题，然后就从哪个环节开始补起，否则孩子连坐都坐不好，即使天天让他练习站也不会有效果。

这样观察找源头

　　现在，我们就用世界卫生组织的这个大运动发育时间表来帮助贝贝妈妈判断一下，贝贝的大运动发育是否出了问题：

世界卫生组织6项大运动发育时间表

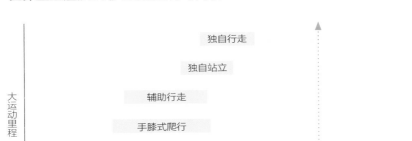

1岁5个月也就是17个月，对应到独自行走的范围，还在浅蓝色区域内，这么看孩子的大运动虽然有些慢，但还不到异常的地步。

我让妈妈松开扶贝贝的手，让他自己站立。可是，贝贝还不能独自站立，松开手他就摇晃着要倒下。我们可以看到，17个月对应的独自站立的范围，已经接近了浅蓝色的边缘。

接着，我又让妈妈扶着孩子行走，发现即使家长扶着他走，他也走得很不好。17个月的孩子，如果还不能辅助行走的话，是一定有问题的。

如此看来，孩子大运动发育在独自行走的环节之前就出现了问题，这时每天即使花大量的时间让他练习走路，也没有什么效果。这种情况需要家长好好回忆孩子每个阶段的大运动发育情况，配合医生的检查，找到孩子大运动发育是从什么时候开始出现滞后的，然后才能根据孩子的情况进行有针对性的训练和治疗。

趴着是一切运动的基础

丁丁快4个月了，家人视他如珍宝，在喂养上不敢有丝毫差池。丁丁的体重、身长增长都很正常，甚至领先于同龄宝宝，这让家人颇为欣慰。可是，生长良好的丁丁到目前为止还不会抬头、翻身，别的小伙伴可是早早就开始有动作啦。经过咨询医生，妈妈这才明白，这一切都与丁丁没有练习趴着有很大关系。原来爷爷、奶奶担心让丁丁趴着会累坏他，甚至会压坏了小肚肚，一直没让丁丁练习趴。由于从小没有趴着过，丁丁的颈部和腰部肌肉没有得到很好的锻炼，肌肉力量不足，抬头和翻身自然都被耽误了。

趴着是孩子的最佳运动

比起爬行，让孩子趴着其实并不受家长的重视。殊不知，趴是孩子的最佳运动方式，更是孩子一切运动发展的基础。在孩子清醒的状态下，让他趴着很有益处，因为常趴着可以促进孩子腰背部、头颈部及四肢肌肉的发育；同时，有利于全身肌肉协调性的发展，抬头、翻身、爬、坐和走需要利用的肌肉群，趴这个动作都能锻炼到。孩子趴着可以学习如何俯卧撑起身体，翻身、坐起、爬行和拉着站起来。

不仅如此，趴着还有下面这些好处：和整天躺着的孩子相比，趴着会让孩子从一个完全不一样的视角来看世界，这有利于他更好地探索这个世界。如果孩子整天躺着，后脑勺儿就会慢慢变得扁扁的、平平的，而趴着可以有效地防止这种情况的发生，也就是说，趴可以预防孩子头形后部过扁和部分畸形偏头，让孩子的头形看起来更完美。

趴着其实没什么危险

说了这么多趴着的好处，有些家长还是会担心，趴着会不会把孩

子娇嫩的心肺给压坏了？其实，这种担心是没有必要的。孩子趴着的时候和躺着的时候一样，心肺都在胸腔的中间。现在，大多数人觉得趴着会累，是因为我们平常都以躺着休息为主，趴着时会因为肌肉不适应造成心跳和呼吸加快，跟压迫心肺没有关系。趴着时，孩子会自行调节运动和休息，是不会被累坏的。

不同月龄孩子趴着的注意点

月龄	注意点
0~1个月	在家长的看护下可以开始练习趴着。
1~3个月	不建议趴着睡觉，以免造成窒息。
满3个月以后	可以创造更多的机会让孩子趴着玩、趴着睡。

有些家长不敢让孩子趴着，担心会造成窒息。却不知经常趴着使颈部和背部肌肉得到充分锻炼的孩子，他们窒息的概率比没有经常趴着的孩子更小，原因是他们有足够的能力抬起头部去呼吸。需要特别注意的是，患有先天性呼吸系统疾病的孩子趴着睡较容易发生意外，对此家长需要格外注意。

创造机会让孩子练习趴着

孩子什么时候可以趴着？儿科医生建议，如果是足月出生的健康婴儿，一般在一周大的时候就可以开始练习趴着了。家长可以在孩子清醒、精力比较充沛的时候进行，困了、饿了时都不是锻炼的好时机，当然也不要在孩子刚吃完奶时就让他趴着，这会让他的肚子不舒服。

刚出生不久的孩子，每次趴着的时间最多2~3分钟，随着孩子一天天长大，慢慢地就可以增加每天趴的次数和延长每次趴的时间了。

可以让新生儿在家长的大腿上趴着，等孩子强壮些了，就可以在换尿布或小睡醒来时把他放置在床上趴着，并在他跟前放些符合他月龄的小玩具。如果孩子不喜欢趴着，家长可以跟孩子头对头地一起趴着，做做鬼脸，逗逗他，这会是一种很特别的亲子游戏。

精细动作，合理引导

张开手，精细动作发育的起点

妈妈带着2个月的玲玲来医院做体检，我们发现玲玲戴着小手套，妈妈的解释是："她的小手老是乱抓，脸都被抓出过好几条道道。为了避免她再抓破自己的脸，就给她戴上个小手套。"我建议妈妈把手套拿掉，她不理解："为什么？这样不是更安全吗？"我告诉她："解放孩子的手，让孩子尽早学会张开手，这是锻炼孩子精细动作的起点，很重要。"

精细动作与认知发展

精细动作是指手和手指的动作及手与眼睛的协调能力。手是认识事物特征的重要器官，是人类进化的标志，因而手部的动作在婴儿发育中起到非常重要的作用。精细动作的发展与孩子认知能力的发展直接相关，它要求手、眼、脑的协调配合，同时也能促进大脑的发育。练习手部精细动作不仅可以让孩子学习如何控制自己的身体，而且会让孩子更独立，学习如何解决问题以及怎样与人交流。

精细动作，从张开小手开始

与走、跑、跳等大运动技能水到渠成的情况不同，孩子精细动作的发展需要训练和引导，而张开手就是精细动作发育的起点。孩子刚出生的时候，手是紧紧握着的，而且大拇指是被握在其他4个手指里的。如果家长把手指伸进孩子的手掌，他会紧紧握住，这是天生的抓握反射。孩子在哭泣或受惊时，也可能会握紧拳头或者张开手掌。两三个月后，孩子的小拳头慢慢打开，这时候，他看到感兴趣的东西会伸出小手去摸，把一个带手柄的玩具放到他的手中，他能握住一小会儿，这就是精细动作的开始。可是，这时候他的小手和手臂还不太听话，控制不好，所以，有时候他小手乱挥会抓到自己的脸。

尽早让孩子张开小手

张开小手，预示着精细动作发育就要开始了，家长要给孩子创造机会，让他能尽早张开小手。

● 不要给孩子戴手套，不然他的小手就失去了锻炼的机会。为避免孩子抓伤自己的脸，就要勤给他剪指甲。

● 可以在孩子小手里放一些会发声的小玩具，一开始他可能抓不住，但是让他体验抓握、掉落物品的过程，也是一种很好的练习。

● 给孩子买一个健身架类的玩具，鼓励他去触碰健身架上悬挂的玩具，增强他的手眼协调能力。

● 让孩子摸不同质地的东西，如铁碗、小摇铃、毛绒玩具、丝巾、桌子、沙发等，让他的小手触摸体验不同质地物品的不同感觉。

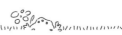

趴着锻炼精细动作

妈妈带着5个月的胖胖来到医院："医生，我家宝宝5个月了，大拇指经常张不开，我看那些和他一样大的宝宝都能张开小手抓东西了，为什么我家宝宝的小手张得没那么好，大拇指总是缩在手掌里？是不是宝宝的发育落后了？有没有什么好的办法让他张开小手？"

趴着让小手早张开

我给孩子做了体检，孩子的生长发育都很正常，可为什么大拇指却经常张不开呢？经过询问得知，孩子比较胖，家长让他趴着的时候，他因为不愿意而总是哭闹，家长心疼孩子就不让他趴着了。加上平时也没有让孩子练习抓握东西，所以孩子的小手张开得不好。看看下图，说明不同时间段，孩子发育所处的不同阶段。

孩子刚生下来时	从孩子出生后3个月开始
手是紧握着的，手处于握拳位且大拇指握在掌心内，称为皮层指。	拳头逐渐放松，手指逐渐伸直，拇指从掌心位伸展，握拳时拇指握在其他四指的外面。

如果出生3个月后，孩子的手仍处于皮层指状，家长可以帮助孩子伸展大拇指。趴着就是锻炼伸展拇指的较好方式。

趴着既可以作为孩子大运动（爬、坐、站、走）的前提，又可以促进精细运动发育，因为趴着可以促进孩子尽早张开小手，而不是握拳。张开手是精细运动发育的起点。虽然鼓励孩子多趴着很重要，但也不要强迫孩子。多给孩子趴着的机会，根据孩子的接受度尽可能时间长、次数多，但不必强求每天必须趴几次、每次必须趴多长时间。

小手完全张开才能抓、捏、拿

当孩子趴着的时候，他的小手和胳膊就必须支撑住身体，而用手掌支撑要比用拳头支撑省力，所以，孩子会下意识地练习慢慢张开小手。孩子的小手一旦能完全张开，抓、捏、拿的动作就逐渐形成了。当然了，刚开始的时候，他只会大把握，手指的灵活度还不够，然后力量逐渐会往手指尖的方向移，慢慢就会用手指捏了。由大把握到手指尖捏，精细动作在这个过程中逐渐出现。而从伸手、抓握、传递到手指捏拿这个过程的前提和基础就是趴着。

有的家长说，我家孩子即使不趴着，小手也会张开，确实如此，但很少趴着的孩子小手张开得不够完全，或者张开的时间比较晚。有的家长带着两三岁的孩子来看病，因为孩子食指和拇指不能完全打开，这就是因为小时候没有趴着，虎口处没有完全撑开，肌肉发育落后了，所以需要通过按摩帮助孩子撑开，甚至需要靠手术松解肌肉来打开，这些无疑增加了孩子的痛苦。

下面这两张图片就可以很好地说明孩子趴着的时候手部动作的发育。第2张图片中的孩子趴着的时候，小手还没有完全张开。而第1张图片中，孩子的手已经完全张开了。孩子小手张开的程度与趴着的姿势是密切相关的，小手张开的程度不一样，他们趴着的姿势也不一样，趴着的自由度和小手张开的程度是成正比的，第1张图片中孩子

的小手完全张开了，所以他的上身已经完全可以抬离床面，甚至可以手脚并用地爬了。而第2张图片中那个孩子的小手还没有完全张开，他的腹部还紧贴着床，支撑不起上身，更不可能爬了。

小手需要多体验

诊室里，一位妈妈带着1岁多的孩子来检查身体。孩子充满好奇心，看见桌上的笔想拿过来玩玩，妈妈马上制止："不许拿，小心扎着你！"孩子想摸摸检查身体用的动物小床，妈妈又制止："医院的东西脏，不能碰。你的手就不能老实点，怎么到处摸！"……我测试了一下孩子的精细动作，果然不那么灵活，我又问妈妈："孩子在家能自己用小勺吃饭吗？"妈妈说："我没让他自己吃。他自己吃饭常常弄得一脸一身脏，收拾的时间比他吃的时间都长。直接喂他吃，又快又干净。"

小手就该不老实

1岁以后，孩子手部的力量越来越强，手指也越来越灵活了。他喜欢动手做的事情很多，这儿也想摸那儿也想碰，很多妈妈都觉得孩子没有老老实实待一会儿的时候。千万别怪他！就是在这样不停地摆弄当中，孩子慢慢了解了这个世界，精细动作也慢慢得到了发展。

家长要让孩子的小手得到充分的体验，就要事先把那些不适合他碰的东西藏好，让他开始到处摸，拿各种东西吧。如果一个孩子经常听到"别碰电视！""不许动水杯！""别到处乱画！"之类的训斥，他可能会变得消极和迟钝。应该把屋子布置得安全一些，能让孩子四处活动，而不是时刻警告他不能碰这儿或者不要去那儿。

吃饭时，孩子喜欢用小手抓起食物，捏一捏，然后再送进嘴里，虽然掉落的食物比吃进嘴里的还多，但他仍乐此不疲，因为他看重的不是吃了多少，而是自己的事能自己做的成就感，这时家长不要因为他把饭弄得到处都是，把小脸、小手弄得脏兮兮的就不让他自己吃，这是锻炼他精细动作的好机会。如果让他的小手老老实实地待着，他怎么可能有机会发展精细动作？

锻炼机会处处有

在日常生活中，只要家长留心，其实锻炼精细动作的机会有很多：

● 用叉子吃东西。把水果或面包切成小块装在盘子里，给孩子一把幼儿专用叉子，让他自己去叉盘子里的食物吃，这样可以提高他手部的力量和操作能力，对锻炼手眼协调能力也有好处。家长要有充分的耐心，不要因为他的动作不熟练就去帮忙。

● 用勺子舀水。准备两个杯子和一把勺子，在一个杯子里装点儿水，让孩子用勺子从这个杯子里把水舀到另一个杯子里，也可以让他直接拿杯子将水倒来倒去地玩，可以锻炼他小肌肉的控制力、手眼协调能力和注意力。

● 盖盖子。准备一个带盖子的塑料水杯或小碗，先给孩子做示范，把盖子打开，再盖上，然后让孩子自己玩。这个活动需要同时使用双手，所以对培养孩子两只手的协调能力很有帮助，还能增强他手腕的力量。

● 撕纸。给孩子几种质地不同的纸，让他试着用双手把纸撕开，然后把撕过的纸揉成小团。这样做可以锻炼孩子小手的灵活性，提高精细动作的能力。

精细动作训练别超前

　　1岁的妞妞被妈妈带到医院，因为妈妈觉得她的精细动作发育得不好，而且脾气特别急。妈妈说，孩子以前挺喜欢和妈妈一起玩积木搭房子的，但是她搭得不好，只能搭起3块积木，妈妈每次都给她示范，告诉她积木能搭得高高的，然后让她学着搭，她搭不起来就发脾气、尖叫，把积木都扔到地上。

别超出他的能力

　　这位妈妈犯的错误，很多家长都会犯，就是对孩子的期望值过高，总是希望孩子能做超出他年龄范围的动作，这样的要求孩子一般难以达到，所以会急躁。1岁的孩子能搭3块积木的房子就非常了不起了，如果对他提出过高的要求，他达不到时，自然会产生挫败感，积极性和自信心会受到打击。

　　孩子动作的发展与身体和大脑的成熟度有关，更与后天的练习有

关。孩子通常需要反复练习才能成功地完成某个动作，家长需要学会欣赏并鼓励他不断探索和练习，多给他独立练习和摸索的机会。

跟着他的发育节奏走

下面列出了精细动作的发展过程，家长可以根据孩子的发育规律，帮助他进行积极的训练，这会让孩子收获自信，也会让他更积极配合。

孩子精细运动发育规律参照表

年龄	动作发育
0~2个月	一出生就具有抓握反射，他可以紧紧抓住东西不放，大约到第二个月时，这种先天的抓握反射消失，孩子的抓握能力也不如以前，这预示着他很快就能学会自主地用小手抓东西了。
3个月左右	可以有意去抓东西，但距离判断不够准确，小手常常伸过了物体；可以紧紧握住或者推掉东西。
4~7个月	能双手协调地操弄和探究物品，会用一只手把玩具拿起来，用另一只手的指尖抚摸它，并注视它，然后双手轮换地摆弄这个玩具。
8~11个月	经过不断练习，可以把大拇指和食指并拢起来，像一把小钳子那样去捡桌上的小饼干、小盒子等小物品，也可以给玩具上发条或者打开小机关。
1岁左右	会把东西拿起来，转过去，又放下，会扔、推、挤、压、拍、拧等动作，而且乐此不疲。
2~3岁	学会自己穿衣服、吃饭等生存技能；能用积木搭简单的图形，能画出人脸，并用笔涂色；模仿简单的折纸动作，用安全剪刀剪纸等，但动作还不精确、不熟练。

精细动作发育问题早发现

学习精细动作是一个循序渐进的过程，这个过程的进展速度并没有统一标准，有的孩子即使进展慢一些，也不用太担心。不过，如果孩子有以下表现要及时咨询儿科医生，以确认孩子是否有发育问题，是否需要进行早期干预。

● 2个月：还没有"发现"自己的手。

● 4个月：不会抓家长的手指，不能很好地抬头。

● 7个月：很难把东西放进嘴里。

● 1岁：不会用手指向某个东西。

● 1岁3个月：不知道怎么用勺子或者其他常用物品，不会用拇指和食指夹取物品。

● 3岁：不能搭起超过4块的积木，不会画圆，对玩具不太感兴趣。

精细动作锻炼需要引导与陪伴

诊室里来了个小朋友，身高、体重都很标准，大运动发育得也不错，就是精细动作不够好，手指不够灵活。妈妈对此很郁闷："从他出生起，我们就给他准备了很多玩具，从粗到细，从大到小，应有尽有，为什么孩子的精细动作发育还是不好？"问到妈妈是怎么让孩子玩这些玩具的，她却说不出来，因为她几乎不陪孩子一起玩。

这位家长认为把玩具给孩子准备好，就能让他的精细动作顺利发育，这是远远不够的，孩子的精细动作需要家长的引导。家长多与孩子一起玩，不仅有利于他精细动作的发育，对他的心理发育也有好处。下面我们来看看，他小手的发育需要哪些助力？

丰富的环境

孩子天生渴望刺激，丰富的刺激能促使他动手去把玩、探索。为孩子提供机会，让他多看、多尝、多闻、多触摸东西，有多样化的感觉经验。

鼓励和欣赏

孩子对世界充满好奇，他总想伸出小手去抓、去摸各种东西，并从中发现物体的各种奥秘和物体间的区别与联系。这时家长要鼓励并欣赏孩子积极主动的探索行为，并为他的进步鼓掌叫好。

亲子互动和交流

和孩子一起动手玩起来，不仅增加了亲子交流和互动的机会，在这个过程中孩子会玩得更起劲，效果也更好。在和孩子一起做手工、

玩积木或画画时，家长要注意哪些是他可以独立完成的，哪些是他希望你帮一把的，哪些是他目前还做不到的，什么时候他的兴致正高，什么时候他不想玩了……理解他的需求和发展的可能性，并做出适当的反应，这才是高质量的陪伴。

少些限制和干预

在保证孩子安全的前提下，尽量减少限制性的设施和要求，约束探索会扼杀孩子与生俱来的好奇心。家长对孩子探索世界的态度会对他的智力发展产生很大影响，给孩子一个安全的空间让他自由地四处活动，会使他的小手更加灵活、精细动作发展得更好。

积极的反应

对孩子的发展和进步做出积极的反应，让孩子具有自信心和成就感，这是很重要的一点。另外，环境和玩具对孩子的反应性同样重要。对孩子来说，他感兴趣的东西都是他的玩具，选择一些对孩子的行为能做出反应的玩具，可以增加他学习的兴趣。比如皮球，拍打后它会弹跳，孩子会觉得很好玩；拨浪鼓摇晃后便会响，孩子对这样的反应很感兴趣；彩色画笔能在纸上画出各种线条，他对自己的创作会很满意。

第四章

发育

语言！认知！

语言是人类特有的生理功能，孩子最初的语言发育需要家长开启"碎碎念"模式，并不厌其烦地与孩子充分交流。而孩子的认知发展是从身边的点滴开始的，它也会受到家庭和文化潜移默化的影响。所以，为孩子提供良好的养育环境至关重要。

语言，从理解到表达

语言启蒙需要"话痨"

乐乐出生2个月了。妈妈陪乐乐时，总会不厌其烦地跟乐乐说话，换尿布时说，洗澡时说，告诉乐乐现在正在做什么，这是澡盆，那是毛巾……好像乐乐什么都听得懂似的。爸爸则经常抱着乐乐，脸对脸地跟他说："乐乐，我是爸爸，爸爸，爸爸！"每当此时，乐乐的大眼睛会一直盯着爸爸的嘴巴，自己的小嘴巴也跟着蠕动着，偶尔发出一声，让爸爸激动不已。

语言刺激，越早越好

新生儿的大脑已经为人类语音的刺激做好了准备，所以，从出生的第一天起，孩子就能够对语言迅速做出反应。当家长跟刚出生的孩子说话时，他会睁开眼睛，盯着你，有时还会发出声音。而2~6个月的孩子，常常会用刚刚听到的语调用相匹配的声音回应你，就像故事中的乐乐一样，也跟着无意识地发"papa"的声音。有研究表明，出生3天的孩子就能够辨认妈妈的声音，他们对妈妈所说的语言的声音有偏好。因此，家长，特别是妈妈，从出生开始，就要多给孩子言语的刺激，多跟孩子对话。话痨式家庭的孩子学说话更顺利。

语言刺激，重复而简明

和孩子说话，要让孩子能听懂，这就要求家长的话必须简单明了，多次重复。跟孩子说话时，尽量使用短小、简单、高音调、经常重复的句子。除了日常的对话，儿歌、童谣也是很好的选择。妈妈可以握着孩子的小手拍节奏，念一些简短、节奏感强的儿歌，比如"小

白兔，白又白……"抑扬顿挫、朗朗上口的儿歌会刺激孩子的听力，而且容易记忆和模仿。在孩子哭闹或每次睡觉前，可以给他哼一支摇篮曲，念一首节奏舒缓、简单而重复的童谣。

语言刺激，量要足够大

孩子听到的字词越多，他将来能听懂、可以表达的字词就越多。当然，这些字词是特指成人对孩子说的，而不是孩子作为旁观者听到的成人之间的对话。除了喂饭时不要跟孩子说话外，家长可以随时随地跟孩子交流，把他当成能够听懂话的孩子；可以借用游戏来跟孩子说话。比如，用玩具电话假装打电话，或者用玩具小喇叭给孩子唱歌、传话、讲故事。

语言刺激，要有效交流

在与孩子对话时，面对面时距离要近，以20~30厘米的距离为宜，所以妈妈给孩子洗澡、换尿布，爸爸抱着孩子唱儿歌，这样的距离都非常适合对话。最好能够跟孩子对视，看着他说话。

跟孩子说一些略微超出他接受能力的词语和短小、简单的句子，而且对孩子说话时可以适当夸张一些。夸张的言语加上动作，可以唤起孩子对语言的注意。孩子说得最多的也是那些让他们已经理解了的内容。

当孩子发出声音时，要试着去理解他的意思。家长的反应和理解会鼓励孩子尝试着继续与你交流。比如，当他发出声音并注视着某件物品时，你可以说出在你视线范围内他也许想表达的所有物品，如果你说中了，他会表现出极大的喜悦。

交流从出生开始

图图4个月了，好像很喜欢听家人说话，可是，爸爸妈妈平时都是话很少的人，不知道找什么有趣的话题跟孩子说，于是在体检时请教医生："这么小的孩子需要跟他说话吗？我们都不知道该跟他说些什么好。"

语言与动作结合起来

日常生活中，很多事情都可以作为与孩子交流的内容。

反复语言和动作的结合，能使孩子逐渐知道将语言或动作和实物联系起来，让孩子懂得动作和语言是不可分割的。比如，边给孩子洗澡，可以边讲解洗澡的动作："我们先脱上面的衣服。""我们再脱小裤子。""我们要进水盆了。""试一试，这是洗澡水。"然后让孩子的一只手拨一下水。"我们坐在水盆里了。"这样就把孩子的感受与语言匹配起来了。

家长可以在孩子醒着的时候，尽量用缓慢的、柔和的语调和孩子聊天，今天的天气怎么样，我们玩个踢腿运动等。比如 "宝宝，妈妈正在帮你换尿布，舒服吗？""我的宝宝真可爱，妈妈真喜欢你。"只要孩子醒着，这样的聊天活动随时都可以进行。

建立语言条件反射

孩子吃饱了、睡醒了，感到很舒适的时候，就会活跃起来，发出一些"咿咿呀呀"的声音，这时，妈妈可以巧妙地利用孩子这些尚未成熟的发音，帮他建立条件反射。比如，当孩子高兴地发出"ma-ma"的音节时，妈妈马上面带微笑地出现在他的视野里，并且慢速

而清晰地说出："妈妈，妈妈在这里。"次数多了，就会促使孩子把自己嘴里发出 "ma-ma" 的音节和眼前妈妈的笑脸联系起来，"ma-ma"也就渐渐具有了意义。

在给孩子做抚触时，妈妈可以配合抚触的部位，依次告诉他身体的各个部位都是什么。孩子一边享受着抚触，一边听着妈妈柔声细语的讲述，慢慢就会把名称和部位对应起来了。

语言与见闻联系起来

留心看见的、听见的、闻到的、尝到的及感受到的任何事物，并试着引起孩子的注意。比如"听，狗狗叫了。宝宝，你听见狗狗叫了吗？汪！汪！"然后闭上嘴静听，引导孩子倾听周围的声音。

抱着孩子在房间四处走走，指认周围的物品，比如，"这是电视。""这是电灯。"等；指着你脸上的五官并告诉孩子各部分的名称，比如，当他注意你时，你可以指着自己的鼻子说："这是妈妈的鼻子。"还可以抱着他对着镜子，摸着他脸上的部位，告诉他："这是宝宝的鼻子。"不久，孩子就能指出自己的五官，甚至指出布娃娃的眼睛、鼻子了。

把孩子正在做的、看见的、听见的、闻到的、尝到的及感觉到的描述给他听。指着屋里的东西并告诉孩子它们的名字，比如，"这是椅子，宝宝和妈妈坐椅子。"用他的身体和你自己的身体来说明什么是"坐椅子"。给孩子换尿布的时候说："我们要换尿布了。"孩子哭时说："宝宝饿了，要喝奶了，让妈妈给宝宝冲奶。"等。

说话晚是不会说还是不用说

元宝1岁11个月了，坐、站、跑都正常，成人说的话他也都能听懂，可就是不开口说话，家长问他，他只是"嗯嗯呀呀"或点头摇头，都快把爸爸妈妈愁坏了，把元宝带到医院咨询："医生，我们家孩子生长发育都很正常，可为什么就是不开口说话呢？"通过检查发现，元宝的听力很正常，而妈妈对元宝的所有需求都特别及时地做出反应，根本不等孩子开口，妈妈就已经领会了。

在生命的头两年里，孩子语言的充分发育有两个基本要求：良好的听觉能力和有效的语言环境。

对于说话晚的孩子，家长首先应判断他是不会说话，还是根本就不用说话。

不会说，因为听不清

语言能力的获得，依赖于良好的听觉能力。对于初学语言的孩子来说，轻微的听觉损失会对他的语言理解和学习造成很大障碍。所以，及时了解孩子的听力是否存在问题非常重要。其实，家长只要细心一些就可以发现孩子的听力问题。如果怀疑孩子的听力有问题，要及时带他到专业机构进行听力测试。

另外，说话早晚因人而异，有的孩子1岁前就开始说话，有的孩子要到2岁后才开始说话。但孩子对词语的理解能力出现的时间却相对一致，一个14个月大的孩子不会说话很可能是正常的，但如果他所能理解的词非常少（不到20个），那他的语言发展可能有些迟缓。家长可以在孩子14个月左右时进行一次简单的测试，看看他对语言的理解能力怎么样。

**家庭语言能力理解
测试方法**

让孩子坐好，在他面前放5～6件
熟悉的物品。比如一个水杯、一个奶瓶、
一串钥匙、一个球和一个玩具小汽车。问
他："球在哪儿呢？"这时，不要用手指向
球或眼睛看着球。如果他拿起一件东西给
你，不管是不是球，你都要夸奖他，然后
把东西放回去，再让他拿另外一件东
西。注意：测试时只用语言，不
要使用手势。

不用说，因为家长太"善解人意"

　　现在，更多的情况是孩子迟迟不说话不是不会说，而是他根本不
用说，因为家长替孩子说话的时候太多，他们完全能理解孩子的表
情、手势，只要孩子有需求，立刻就被满足了，有这样"善解人意"
的家长，孩子还用得着说话吗？

　　语言本来就是交流的工具，孩子可以通过语言交流满足自己的需
求，现在不用这个工具也能够轻易获得满足，那孩子说话的机会肯
定会减少，甚至不用说话了。可是，孩子的说话能力必须在2岁半之
前完全建立，否则以后发音会出现问题。我们在给一些孩子体检时发
现，因为家长过于"善解人意"，孩子开始说话的时间晚，至今发音
仍混浊的情况越来越多。

　　为了帮助孩子发展语言能力，家长要学会装不懂，在适当的时机示

示弱。当孩子说出第一个真正有意义的词之后，家长不要准确理解孩子的"嗯""啊"及肢体语言，可积极回应，但要经常在行动上故意误解他，迫使孩子用语言来表达。比如，孩子指着积木"哼哼啊啊"地让妈妈递积木的时候，妈妈可以佯装不懂地问："宝宝要什么？"以此激发孩子说出来。再比如孩子要喝水，妈妈故意给他拿玩具，过会儿后突然"明白过来"，并对孩子说："告诉妈妈喝水，妈妈就会明白。"几次后，孩子就会明白说话是最容易满足要求的一种方式。当然，在单词句刚刚出现的时候，孩子能说出"木木"，妈妈就应该及时递给孩子，以示奖励，而不必非让孩子说出"积木"才罢休。此外，让他与年龄偏大的孩子一起玩，比较容易带动他用言语表达。

需要担心的情况

对于足月出生的正常儿童，如果有以下情况，需要咨询专业人士。

● 出生1个月后，对铃声没有反应。

● 2个月后，除了哭声，还不会无意识地发其他的音。

● 3个半月后，还不会笑出声来。

● 4个月后，还不会尖声大叫。

● 8个月后，叫他的名字还没有反应。

● 快10个月了，还不会无意识地发出类似"da-da""ma-ma"等音。

● 11个多月，还不会咿呀学语。

● 13个半月，还不会有意识地发"da-da""ma-ma"等音。

● 21个半月，说一个身体部位的名称，他还不能指认出来。

● 3岁，还不会说自己的名字。

顺利度过"电报句"阶段

　　团子是21个月的男宝宝，走路走得很稳当，跑得也很快，会叫"爸爸""妈妈""爷爷""奶奶"等简单的称呼，会说"饭""吃"这样简单的词，但是不会讲一连串的话。妈妈疑惑地问："医生，我家宝宝这种说话方式正常吗？"

"电报句"，语言发展的一个阶段

　　一次说一个词，是孩子语言发展的一个阶段。1岁以后，孩子能把简单的词汇连接起来表达自己的意思，这就是所谓的"电报句"，只有孩子最亲近的人结合语境才能明白他要表达的意思。这个阶段是孩子语言迅速发展的阶段，他的词汇量在迅速扩大。

　　1~2岁的孩子说出的句子大多由两三个词组成，比如"爸爸，饭。"这是孩子在邀请爸爸吃饭呢，此时孩子说简单的词语是完全正常的，家长要对孩子的表达表示肯定，并清晰、标准地重复孩子的句子。也就是说，当你明白了孩子想要表达的意思后，爸爸要高兴地看着孩子说："对，爸爸要吃饭了，谢谢宝宝！"

耐心引导，别停留在"电报句"时期

　　1岁以后，家长与孩子的交流和互动要多以对话的形式展开，试着向孩子提出一些问题，激发孩子主动表达的欲望。比如，问问孩子"妈妈在家吗"，他可以回答你"不在"。但也要注意，疑问句不要过多，同时，在向孩子发问时态度一定要平和亲切，一旦让孩子感受到压力，他会拒绝回答。21个月正是"电报句"向完整句子过渡的时期，家长不要着急，只要引导方法得当，孩子就能够说出意思明确的简单句子了。

肢体语言只是过渡阶段

妮妮1岁半了，她好像对说话兴趣不大，更喜欢打手势。她一指奶粉盒，姥姥马上给她冲奶粉；她一指马桶，姥姥立刻抱她去小马桶拉臭。可是，了解她的姥姥有事情回老家了，换了奶奶来照顾她。这天，妮妮跟奶奶在客厅玩藏猫猫，正玩得高兴，突然想起什么，朝奶粉盒的方向指了指。奶奶没理解，问："玩得好好的，你指什么呢？"妮妮摇头。奶奶说："让我去那儿藏起来吗？"妮妮又摇头。奶奶发愁了，这是什么意思呀？！最后妮妮着急了，喊："奶！奶！"这下奶奶才明白过来，妮妮指的是奶粉盒，原来她是肚子饿了要喝奶。

肢体语言是孩子最初的表达阶段

在1岁以前，手势和非言语反应是孩子与家长沟通的主要方式。指物，是一种很早但非常有效的沟通方式。有时，孩子为了引起他人对某个物体的注意，会用手指物体，或者触摸它。有时，孩子会通过手势努力说服他人满足自己的要求，比如用手指糖果，或拖曳照顾者的裤腿求抱抱。很多时候，一些手势变得很有代表性，像词语一样发挥作用。比如，一个1岁多的孩子举起手臂，表示希望抱抱。

别延长孩子肢体语言表达的阶段

家长不仅要懂得孩子肢体语言的表达，更重要的是，要将孩子的表达引向更成熟的语言上。比如，多鼓励孩子发音，孩子能够发出几个音节时，告诉孩子："你能发出hei的音了，宝贝非常棒啊！"模仿一下孩子的发音，让他意识到自己是多么能干，并更好地回应你。

和孩子说话的时候要看着孩子的眼睛，这能更好地吸引他的注意力，让他对你说的话更感兴趣。1岁以后，家长和孩子的交流与互动

要更多，并以对话的形式展开，试着向孩子提出一些问题，激发孩子主动表达的欲望，让孩子的语言表达变被动为主动。

　　现在太多家长，包括祖父母在内，非常了解孩子的肢体语言和"嗯""啊"所代表的含义，在极短的时间内给予非常准确的回复，这本身没有问题，但是如果因此而导致孩子说话的欲望逐渐减少，甚至使孩子错误地认为不用语言说话就能达到目的，这就是个大问题了。太关注孩子的肢体语言，就会不知不觉地把孩子的肢体语言表达阶段延长了，这样反而会推迟孩子说话的时间。

语言跟不上思维的脚步

豆豆2岁3个月，最近1个月他说话有点儿结巴：老是"你你你……""我我我……"，感觉总是表达不出来。妈妈带他来到诊室："有没有治疗结巴的药？不然孩子长大后也结巴怎么办？"

结巴只是语言表达不成熟

孩子说话结巴，首先需要肯定的是他有用语言交流的愿望，只是语言表达没跟上思维或语言表达技能不足，对此家长一定要有耐心。2岁多的孩子思维发展比较快，但他的语言表达还不够好，嘴上的功夫常常跟不上自己的思维，说话的时候不能迅速地找到合适的词汇来表达自己的意思，有时会重复、延长某个字音，或出现语言不连贯、不流畅的现象，这是正常的。

结巴时不必急于纠正

孩子说话结巴时，如果妈妈急于去纠正，反而让孩子变得更紧张、更结巴了。所以，当遇到孩子偶尔说话结巴时，妈妈先不要着急，也不必去纠正，一般过一段时间就不再结巴了。家长跟孩子说话时，要让自己的语速慢下来，这样孩子就不那么着急了，也可以适当提醒孩子："不急，咱们慢慢说。"还可以总结孩子要说的内容，复述一遍，跟孩子确认。另外，这个时期的孩子喜欢模仿，所以尽量不要让他接触有口吃的人。如果家长认为自己不能很好地解决这个问题，应咨询医生以得到专业指导。

心里都知道，为什么不说

　　媛媛2岁半了，"爸爸""妈妈"叫得很清楚，其他的话都不说。妈妈带着她来到诊室咨询医生："其实孩子心里什么都知道，就是不开口。2岁的时候，开口了一段时间，现在又不说话了。这是怎么回事？是不是有语言障碍？"

　　只要孩子能够说出个别字和词，就说明孩子能说话。此时孩子不愿意开口，可能有几个方面的原因：

　　与养育环境有关。如果家长非常理解孩子的肢体语言，准确回应，会造成孩子没有必要也没有欲望用言语来表达，这是现今养育中特别常见的问题。

　　家长对孩子说话的期待和焦虑会给孩子造成压力。2岁多的孩子其实已经能比较好地表达自己的意思，但有时也可以看到孩子在脑子里酝酿和整理自己语言的过程，难免会出现词序混乱。如果家长急于纠正孩子或催促孩子，孩子就会因为有压力而回避，不再说话。这就要求家长不要过于关注孩子的错误，清晰、标准地重复一遍正确的说法就可以了。

　　孩子的交流能力没有得到足够的培养。经常与同龄小朋友玩，可刺激孩子用语言表达。

　　语言是孩子社会交往的工具，所以家长要努力为孩子创造一些小的社会环境，让孩子充分地运用语言。比如，定期举办一些宝贝聚会，孩子表达不清楚时也不要试图帮忙，孩子会自己想办法让同伴明白自己的意思。

接触多种方言不影响学说话

嘟嘟快1岁了，她从出生开始，就是爷爷、奶奶、姥姥、姥爷一起带，两家老人，两地方言，加上爸爸妈妈的普通话，她每天都要接触好几种方言，妈妈担心地问医生："孩子每天都听几种方言，会不会影响她学说话？"

孩子出生后就应该接受家庭自然语言，包括方言的刺激。自然语言指的是家中成员的第一交流语言，无论是英语，还是地方方言。千万不要刻意控制孩子接受的语言或方言种类，这是孩子自然的语言环境，没有必要刻意去限制。很多研究表明，出生后即接触多种语言的儿童3岁之内语言表达会有一些落后，但3岁之后会有明显的、爆发式的进步，对今后的交流没有任何影响。

但是，家长也没有必要让孩子早早学外语。比如，孩子刚刚出生就刻意让他去接触更多的语言环境，而非自然的语言环境，这会对孩子造成困扰，会干扰他的语言发展或者他声音神经系统的成熟。他不能建立自己大脑一贯的、完整的、统一的反应系统，这对于孩子来说会是一种困扰。

电视不是语言老师

1岁半的大宝除了会叫"爸爸""妈妈"，其他的话都不会说。妈妈着急地带他来到医院，经过询问得知，大宝很喜欢看动画片，于是爷爷、奶奶每天都给他放动画片，说动画片里的普通话发音标准，比爷爷、奶奶教他说话更好。可大宝动画片是看了不少，说话还是不行。

要想孩子的语言能力发展得好，爸爸妈妈要多示范、多交流。慢慢地，孩子也会学着用他的语言表达感情。有的家长让孩子看电视学说话，觉得电视里的语音、语调专业，其实，这样做不仅不能发展孩子的语言能力，反而会影响他的语言表达，因为语言是要相互交流的，电视无法做到这些。

孩子在和家长说话的过程中，能够发展语言的交流功能。在和孩子交流时，孩子实际上感受到的并不仅是说的哪些话，还有说话人的表情、声音的高低、说话的场合，这些方面综合起来，慢慢地就能让孩子对语言及语言环境、说话表情等有更加立体的理解。

学会咀嚼帮助语言发展

牛牛2岁半了，妈妈带他来医院，是因为他说话很怪，一个字一个字地说，没有轻重，不连贯。经过询问得知，一直是奶奶照顾牛牛。奶奶说，小娃儿脾胃不好，吃东西不容易消化，所以，她总是给牛牛做烂糊的东西吃。即便水果也是挑香蕉、牛油果这样软软的品类。牛牛根本不用嚼，一口吞。正是这个原因，导致了牛牛的语言发育不良。

咀嚼和说话都会用到面部的细小肌肉，如果我们边吃饭边说话，肯定不如平时说得清楚，因为在咀嚼的时候面部的细小肌肉已经在使用、在活动了，要想说清楚话，必须先把食物咽下去。可见，咀嚼使用到的面部细小肌肉，也是说话时要使用到的。孩子的面部细小肌肉发育越早，说话就越早、越流利。为帮助孩子锻炼面部细小肌肉，给他喂辅食的时候，家长嘴里也要嚼东西，让孩子看着你模仿，慢慢练习咀嚼。一直让孩子吃泥糊食物，他很难学会咀嚼，对他的语言发展也会有一定影响。

有研究表明，如果孩子2岁半时面部细小肌肉仍不发育，就一辈子都不会发展得特别成熟了，说话重音太多，每一个字都咬得很重，这是由于面部细小肌肉发育不好，身体就会使用其他的大肌肉来代偿，所以一定要让孩子学会咀嚼。

宝宝语言发育表

月龄	语言状况
1~2个月	咿呀学语
2~6个月	笑和尖叫
8~9个月	发类似"mama""baba"的声音
10~12个月	会叫"爸爸""妈妈"
18~20个月	会说20~30个简单字，理解陌生人50%以上的语言
22~24个月	会说连续两个字的短语，50个以上的单字；理解陌生人75%以上的语言
30~36个月	理解陌生人全部的语言

认知，需要支持和陪伴

安静的观察与引导

　　这里有两张图片，分别是两个孩子在玩玩具，如果让你选择，你更喜欢哪一张图片的感觉呢？

很多人喜欢第1张图片，构图好，细节很完整，孩子很认真地在玩。但是，我更喜欢第2张图片，因为有家长在旁边陪伴孩子，与孩子有交流，孩子脸上的表情也相对轻松。而第1张图中的孩子虽然也玩得很开心，但缺乏家长的互动与陪伴。家长与孩子专心、认真地互动，对孩子的发育特别有帮助。

我们虽然强调孩子探索世界时的自由，但是同时也强调支持和陪伴的重要性。家长在孩子的认知活动中应该是一个观察者和引导者。

作为观察者，家长可以随时观察孩子的动向，不时地给他一些支持。比如，给予赞赏与鼓励，告诉他："宝宝真棒，加油！""宝宝好厉害，继续努力！"这些鼓励与赞赏会增加孩子探索的动力，让他觉得自己的行为是被鼓励的，会强化他的探索行为，有利于其认知的发育。

作为引导者，家长在孩子遇到困难的时候要能够马上发现，并询问孩子是否需要帮助。如果需要帮助，家长可以马上参与到孩子的认知活动中，并给予细致、耐心的指导。比如，4岁的安安第一次玩拼图，一开始，安安无从下手，坐在她身边的爸爸建议她先把拐角放在一起，然后指着一个拐角边缘的粉红色区域说："让我们来找另一块粉红色的吧。"当安安做不下去的时候，爸爸会把两个相连接的部分拼放在一起，以引起安安的注意。当安安最终完成拼图时，爸爸表扬了安安。在安安逐渐掌握了要领之后，爸爸就让她渐渐独立完成。孩子在爸爸的指导下，把在与爸爸合作中出现的问题及解决技巧进行消化吸收，变成自己的东西，最终能够独立使用这些技巧，从而上升到一个独立掌握的新水平。

提供自然的探索环境

嘻嘻从幼儿园回来不久就在地上专注地搭着积木，玩得正投入的时候，妈妈拿了杯水过来："来，宝贝，喝口水。"不一会儿，妈妈又在旁边问："你累不累，要不要休息一下？"还没两分钟，妈妈又喊："嘻嘻，把玩具收拾收拾，准备吃饭了……"

孩子的专注力是探索世界的内驱力所引发的冲动，是一个自然的过程，因此，家长在陪伴孩子的同时，一定不要过多干预孩子，给孩子一个自由的环境。可是有的家长总是难以细心分辨孩子的状态，在有意无意间影响了孩子的专注力。

不恰当的关心就是一种打扰。很多家长和嘻嘻妈妈一样，生怕对孩子照顾不周，在孩子专注探索时，一会儿问孩子渴不渴，一会儿问孩子饿不饿，正在聚精会神的孩子总被打扰，时间久了，做事自然就不专注了。

家长的过多干涉也容易破坏孩子的专注力。很多时候，孩子玩游戏具有他自己独特的玩法。比如拆掉了玩具枪，把跳棋里的玻璃弹珠做蛋糕玩过家家……此时，有的家长总是忍不住想纠正孩子的玩法或者干涉孩子的"小破坏"。还有很多家长会从现实的角度去考量。比如，买了门票就要全部都看完，或者天快黑了要尽快看完动物园里的动物。家长的干涉和主导其实是在告诉孩子："你不行，我来帮你。"这样粗暴的干涉会剥夺孩子玩耍的自由，损伤孩子探索的内驱力。所以，家长不妨坐在孩子旁边静静观察，在孩子需要的时候才提供帮助，以孩子为主体，给孩子一个自由、自然的探索环境。

感觉是孩子认知世界的通道

对于樱桃来说，嘴巴可不光是用来吃奶的，还可以帮她探索、了解这个新奇有趣的世界呢。瞧，她发现了一只橡皮鸭，好可爱，赶紧抓过来，直接放进嘴里，尝尝味道。只要是能拿得到的东西，她通通不放过。

孩子的视觉、听觉、味觉、触觉等感觉器官的发育都比较早，因为他们需要用这些感觉器官来学习各种本事。顺应这种自然成长的节奏，我们给孩子的感觉器官提供适当的刺激，就可以使他们的大脑更好地发育和运作。

孩子最开始喜欢用嘴来探索、认识世界，在咬一咬、尝一尝的活动中，他用嘴认识自身之外的各种事物。他们慢慢知道，纸是软的，积木是硬的，吸管很软但咬得再扁也断不了……他们也喜欢触碰物体，当孩子第一次有意识地向外界物体伸出他的小手时，他对世界的探索就开始了。他们几乎是见圆的就拧，见方的就按，见线就拽，见孔就插。孩子喜欢把东西打开，然后又关上，不厌其烦地反复进行相同的动作。还有视觉、听觉，都是孩子了解世界、认知世界的通道。

家长应该为孩子提供更大的空间、适宜的条件和环境，准许孩子用手去抓、去捏他感兴趣的东西，只要没有危险就可以。当成人能够尊重孩子的兴趣时，孩子才有可能保持对世界探索的热情与兴趣，认知活动才会更深入。

认知之初别离真实事物太远

2岁半的冬冬特别喜欢看动画片，动画片里的大象是绿色的，小小的，很可爱。有一天，妈妈带着冬冬去朋友家做客，冬冬看到那家宝宝有一张大象床。大象大大的，还是蓝色的，看到这张床冬冬哭了，妈妈很奇怪，冬冬哭着说："大象怎么变大了，变蓝了？我喜欢绿大象！"

孩子的反应是正常的。因为这个时候的孩子随着语言的发展，之前通过感知觉积累的经验开始内化，他们能够根据过去的经验，对不在眼前的事物进行思考和比较。这是孩子思维能力发展的表现。可是，孩子的思维水平还比较低，对表象的处理能力还停留在直觉的、具体的、刻板的阶段，往往不能从不同的角度考虑事物，无法抽象事物的特征。所以，孩子根据以前的经验认为大象是小的、绿色的，而现在的大象不符合自己的经验，与旧的认知发生了冲突，他又没有办法处理这种冲突，所以哭了。同时，孩子还处于心理秩序的敏感期，新的认知与旧的认知给孩子的认知造成了混乱，让他觉得秩序被打乱了。

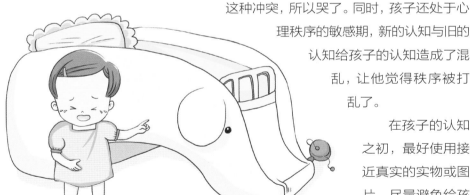

在孩子的认知之初，最好使用接近真实的实物或图片，尽量避免给孩子造成干扰。

游戏规则与现实规则要一致

2岁的磊磊喜欢玩小汽车。一天，他又跟妈妈玩小汽车。妈妈说："我们来比赛，大车撞小车，看谁的车最厉害，不被撞翻。"两个人撞来撞去，玩得不亦乐乎。

规则是孩子融入社会的保障，而游戏规则又是孩子对规则认知的一个途径。妈妈和孩子玩的游戏，与社会规则正好背道而驰，会给孩子日后对社会规则的认知带来困扰。特别是3岁以前的孩子，分不清游戏规则和现实规则，所以游戏规则最好能与现实规则保持一致。

此外，游戏是孩子学习和生活的重要方式。在游戏中，孩子能学会很多概念，发展能力，也更愿意去掌握和遵循规则。比如，同样是要求孩子收拾玩具，用游戏的形式孩子更愿意完成，并且很有成就感。家长需要知道，游戏的意义不仅是玩，更是帮助孩子认知的好帮手。因此，游戏规则的制定需要符合孩子对规则认知的心理发展特点，避免不一致的规则和分歧给孩子以后不遵守规则埋下安全隐患。交通规则是人身安全的保障，是与生死相关的事情，不妨跟孩子在游戏中多玩一些遵守交通规则的游戏，而不是扰乱孩子认知的撞车游戏。在孩子的世界里，实用性和变通性是很难被理解的。

第五章

发育

社交！心理！

孩子不会郑重其事地走到你面前，宣布他独立了。而社会性能力的发育将渗透在他的行为、言语中。发展与同龄人之间的友谊为孩子学着处理各种社会关系奠定了基础，也是让孩子探索自我和进行正确自我评价的方式。在这个漫长的过程中，爸爸、妈妈是孩子最好的老师。期待家长陪伴孩子一同成长。

学会自理，迈出独立第一步

独立进餐是一项重要技能

润润很喜欢自己吃东西，8个月的他自己用小手指去抓黄瓜条、面包片，甚至自己动手吃面条，经常把小餐桌搞得一片狼藉，奶奶说这样太脏，想喂润润，妈妈却坚持让润润自己抓着吃。

独立进餐是孩子成长过程中需要学习的一项重要技能，它是一种综合技能，孩子需要同时具备手眼协调能力、手部精细动作能力、对食物的认识与好奇心及自我服务的独立意识。这是一个漫长的过程，同时也是孩子逐渐获得信心、养成健康饮食习惯的过程。

润润妈妈做得非常好，给孩子提供了机会，让孩子体验到了自己动手吃饭的乐趣，这对孩子以后养成良好的进食习惯非常有帮助。我在美国出差的时候，在一家比萨店里看到一对家长带着一个11个月左右的孩子在吃饭，孩子的面前放着一盘意大利面条，他正在用手抓面条想送进嘴里，弄得满手、满脸、满身都是意大利面的酱汁。他努力了将近20分钟，一根面条也没吃进去，即使这样，他仍然兴致勃勃，乐此不疲。

家长可以这样帮助孩子养成独立进餐的习惯：

● 鼓励并支持孩子自己吃饭，对他的每一点进步给予赞赏，给他信心。

◉ 创造一个愉快的进餐氛围，把吃饭当作一项有趣的活动。

◉ 一开始让孩子练习用手抓取食物，感受自己拿东西吃的成就感，并练习手指的配合。

◉ 根据孩子的发展水平，在1岁左右就可以把勺子交给他，给他练习的机会。

◉ 为孩子提供适合的食物，方便他练习，比如切好的水果等块状食物。

◉ 为孩子提供丰富的食物，调动他的进餐兴趣。

◉ 孩子3岁以后，可以开始练习使用儿童筷子，这是一项复杂的技能，要对他有耐心。

◉ 在孩子学习的过程中，家长要做出具体、正确的示范。

其实，孩子从出生开始就在练习这项技能了！来看看他学习自己吃饭的发展历程吧！

孩子学习自己吃饭的发展历程

年龄	发展历程
0~12个月	可以自己抱住奶瓶，将奶嘴放入口中；手指能够配合，把东西放到嘴里。
13~15个月	会尝试自己用勺子装上东西放进嘴里。
16~18个月	会双手端水杯、会用勺取物。
19~21个月	会正确地使用勺子。
2~3岁	会独自用勺子，会单手端碗。
3~4岁	能很好地自己用勺子吃饭。
4~5岁	能熟练用勺子吃饭，并学习用儿童筷子吃饭。
5~6岁	能正确使用筷子吃饭。

给孩子自己穿衣的机会

依依刚满2岁，喜欢自己穿衣服，但经常把衣服穿反了，或者纽扣扣错了。有时候，妈妈都等得不耐烦了，想快点儿给她穿好，可她坚持要自己把扣子一颗颗地给扣上，不然还会发脾气呢!

两岁左右的孩子喜欢自己穿衣服、自己吃饭，想要自己擦桌子、自己刷牙。"让我来!"是孩子最喜欢的一句台词!

家长要充分相信孩子的能力，将孩子能力范围之内的事情交给他处理。一开始孩子不会自己刷牙，可以让他先学会挤牙膏。一开始孩子不会穿衣服，可以让他先学会扣扣子。让孩子一步一步自己来，不要事事都大包大揽。对于非原则性问题，我们要学会给孩子选择的机会。比如，今天是穿红色的条纹袜还是黄色的斑点袜，家长要支持孩子的想法，不要剥夺孩子独立思考的机会。

好习惯的培养贵在坚持

丁丁现在已经6岁了，他每天到了8点半就困了，一上床就睡着了，妈妈一点儿也不用为他的睡觉发愁，这得益于丁丁从小养成的良好的作息习惯。

丁丁妈妈本身就做得特别好，早睡早起这样的规律生活，对孩子的身体大有好处，家长也能因此拥有更充沛的精力。

孩子好习惯的培养离不开家长自身对于好习惯的坚持。首先，家长就要注意培养自己的睡眠习惯，保持良好的作息习惯，早睡早起，尽量不熬夜。其次，要帮助孩子建立固定的睡眠仪式。比如，睡前给孩子洗澡，抱着孩子和家人说晚安，睡觉时保证相对安静和光线昏暗。孩子1岁前，家长可以估算自己孩子的睡眠时间，确定好适合的入睡时间。睡前预留玩的时间，到时间叫停活动，进行睡眠准备。注意白天活动和休息也要保持规律。孩子1～3岁时，坚持已经养成的睡眠习惯，多带孩子去户外活动，让孩子多余的精力和体力得以释放。等孩子上幼儿园以后，家长则需要配合幼儿园的作息，晚上先安排户外运动，再安排安静的室内活动。

学会如厕，自我控制的开始

　　诺诺3岁时，上厕所对她来说已经完全能应付自如了。于是，妈妈告诉她说："如果晚上小便，要叫妈妈。"可是一个星期过去了，诺诺似乎没什么反应。突然，有一天夜里，妈妈被诺诺叫醒："妈妈，我要尿尿。"从那以后，诺诺如果半夜要小便都会叫妈妈，有时还会自己直接去找小马桶。

　　提前发出大小便信号，主动告诉家长要排便，自己坐小马桶……孩子大小便的自我意识不仅让家长更轻松，这也是他身体发育的基本标志，并同时表明他开始学习自我控制了。如厕训练虽然能够帮助孩子开始自立，但要遵照孩子的时间表一步一步进行。

　　大多数家长在孩子2岁左右时就开始进行如厕训练，但也有些孩子要到4岁才能准备好。家长要细心观察孩子的如厕信号，刚开始训练孩子小便，他可能不接受或者不太明白。家长要不厌其烦，反复提醒他，并且告诉他："想小便就要大声说出来。"家长还应该指导孩子把裤子褪到脚部的位置，如果孩子做得好要及时表扬和鼓励他。孩子如厕后，把孩子带到水池边让他自己洗手。慢慢地，孩子就会养成便后洗手的习惯了。

养成收拾整理的习惯

妈妈很注意让朵朵把东西归类。要是有恐龙、大象等动物玩具，妈妈会对她说："朵朵，咱们盖个动物园吧。"要是有小汽车、大卡车等玩具，妈妈就说："咱们建个停车场吧。"妈妈带着朵朵像做游戏一样把玩具一点一点收拾妥当了。慢慢地，每次玩完玩具后，朵朵就会自己收拾干净。

自理意味着孩子有了自己照料自己的能力。会整理收拾自己的东西，能够保证孩子随时找到自己需要的东西，更好地照顾自己。孩子学会收拾整理，尤其需要家长的耐心引导。朵朵妈妈用游戏引导朵朵养成了收拾整理的好习惯。家长还可以及时表扬孩子，不管是主动的还是被动的，家长都要用愉快的口吻表扬他："收拾得真干净！"如果孩子一时收拾不好，家长也不要责怪他，应该告诉孩子怎么做，然后鼓励他再试试。

最好给孩子一个固定的玩具柜，让他专门摆放玩具，便于收拾和整理。很多时候，孩子因为乱放玩具找不到时，家长不要急着帮他找，要让孩子感受一下不收拾玩具的后果，同时趁机教育他把玩具分门别类地整理、收拾好。

家长，孩子最好的社交培训师

懂礼貌要从家长做起

　　小遇3岁多，妈妈从幼儿园接她放学回家，路上遇到楼上的爷爷。妈妈对小遇说："快问爷爷好。"小遇躲到妈妈的背后不吭声，让妈妈很尴尬。

　　　礼貌是拉近孩子和他人的一座桥梁，是孩子获得良好人际交往的通行证。当孩子能听懂语言时，作为家长就应教他向身边的人问好。告诉孩子在什么情况下应该说"你好"、"谢谢"和"再见"，这样，孩子在潜移默化中就不会害怕和陌生人打招呼了。

　　　孩子的成长往往需要反复模仿成人的行为，因此，家长带孩子外出遇到熟人时，可主动上前打招呼，给孩子一个良好的示范。在遇到同事和朋友时，要很正式地把孩子介绍给他们，同时也要让孩子知道对方是谁。如果孩子不肯与人打招呼，家长可为孩子选择一条"退路"，告诉他，点头微笑也是打招呼的方式之一。当孩子拒绝和外人打招呼时，不要强迫他，可以转移话题，让孩子先放松下来，再找时机引导他。如果孩子接受了意见，想要再重新打招呼或者表现一下时，要及时表扬他。

打人的背后有很多意思

　　飞飞2岁半，刚上幼儿园小小班。他有时候因为说不清楚话，急了就打小朋友，被家长投诉好几次了。妈妈跟他讲道理也不管用，让妈妈苦恼不已。

其实，当孩子第一次扬起手，做出打人的动作时，并不一定是对对方怀有敌意。孩子在1岁左右还没有发展语言之前打人，是想引起家长的关注。此时，家长可以告诉孩子："如果你喜欢我，可以这样摸摸我。"然后抓起孩子的小手轻轻地摸摸自己的脸，孩子就知道如果喜欢别人，可以这样轻轻地摸摸。

2~3岁的孩子跟小朋友有了更多的交往，他们在幼儿园里常常通过打人的方式解决问题或者表达情绪，很容易遭到其他小朋友家长投诉或者引起老师的种种不满。这样的孩子往往缺乏解决问题的能力，或者是沿用了家长用武力解决问题的方式。如果孩子通过打人表达情绪，家长可以告诉孩子："你喜欢他，可以摸摸他，像这样轻轻的。""你生气了，可以告诉小朋友，但不可以打人。打小朋友，小朋友会疼的。"如果孩子不知道如何解决问题，家长要明确告诉孩子："宝贝，这样是解决不了问题的，我们可以换一种方式。"如果家长有用打人解决问题的习惯，一定要改正过来，学会平静客观地处理问题，给孩子做个好榜样。

给孩子自己解决冲突的机会

　　小区里，两个小姑娘在花园里捡了很多花瓣做"蛋糕"。妍妍很想加入，但小朋友们已经开始玩了，不愿意被打扰，拒绝妍妍的加入。妍妍看到两个小姑娘的"蛋糕"材料不太够，赶紧捡了一些花瓣和松果递过去，赞叹道："蛋糕好大！"于是，她自然而然地加入到了游戏中。

　　比较强势的家长习惯否定孩子的想法，喜欢按照自己的意愿替孩子做决定，喜欢冲上前帮孩子解决问题，让孩子失去了面对冲突与困难的成长机会。妍妍妈妈没有冲上前帮助妍妍解决问题，反而给了孩子做决定、选择的机会。

　　有交往就会有冲突，孩子们在游戏当中往往会出现争吵、抢夺玩具等现象。在安全的情况下，尽量让孩子自己去处理他们的问题。如果他想玩别的小朋友的玩具，鼓励他自己去协商；如果他愿意分享自己的糖果，也让他自己去分发给大家；如果小朋友想抢他的玩具，鼓励他去捍卫自己的权利。孩子会在玩乐、争吵、妥协中练习人际交往的技能，最重要的是增强了他的自信。

尊重孩子的不分享

　　1岁10个月的琳琳觉得自己手里的东西都是自己的，别人碰一下她就哭，嘴里还念叨着这是她的，别人不能碰。

　　　　1~2岁的孩子开始掌握"物品所属"的概念，但他还不能分得很清楚，不仅认为自己的东西是自己的，还会认为别人的东西也是自己的，这是他为自己争取权利的一种表现。这时，家长不要勉强孩子，要尊重他的不分享，3岁以后，孩子会慢慢懂得分享的好处。比如，两个小朋友一起看一本书会更加快乐；一起分享蛋糕，蛋糕会更"美味"；一起分享玩具，游戏会更有意思。

　　　　想要引导孩子进行分享，家长首先要尊重孩子的物权。孩子只有感受到对于自己的玩具享受所有权和支配权的时候，才能乐于分享。所以，家长要让孩子自主决定，可以让孩子保留几样最喜欢的玩具，还可以引导孩子们自己制定分享规则，比如一样玩具玩一段时间就要传递给下一位小朋友玩。

家庭是合作意识培养的基地

　　豆豆："妈妈，我来帮你剥毛豆，好不好？"
　　妈妈："小祖宗，别捣乱，一边玩儿去，乖！"

　　　　孩子合作意识的培养首先是在家庭中开始的。在日常生活中，家长应采用正确的教养方式充分鼓励孩子与他人合作。家长应当有

意识地与孩子一起参与活动，逐步鼓励他参加一些力所能及的家务活动，并及时地给予表扬，表现出赞许，肯定其合作行为。

要尽可能多地为孩子提供交往的机会，在孩子与同伴的交往中培养他的合作意识。比如，和同伴一起玩的时候，让孩子学会轮流和等待。还可以经过协商和讨论制定出一些规则并遵守，并在游戏中相互合作，努力达到共同的目的。比如，让孩子们一起用积木搭一座大型的建筑。

学会理解对方的感受

妈妈带小小给妮妮买生日礼物，小小执意要买一个汽车模型。妈妈告诉小小："妮妮是女生，可能不喜欢这个，换别的好不好？"但小小不肯，他说："小小喜欢，妮妮肯定喜欢。"结果，妮妮果然对小小的礼物热情不高。

换位思考，就是站在别人的角度来理解对方的情绪和感受，这是做好朋友的必备"技能"，是与他人联结的法宝。若想让孩子学会换位思考，家长需要做的就是告诉孩子，他人的想法是什么。比如，我们可以告诉孩子："妈妈今天有点儿不舒服，你先自己看一会儿书吧。""你这样对爸爸发脾气，爸爸很伤心。""李阿姨送给你礼物，你没有说谢谢，她有点儿失望。"……这样，孩子就能够学会从别人的角度去了解事情，学会理解对方的情绪。

家长不妨通过表情游戏来帮助孩子学习了解别人的情绪。陪孩子一起画几张表达情绪的表情卡片，比如笑脸卡、哭脸卡、愤怒卡等，和孩子一起用这些卡片做猜心情的游戏。

心理环境，健康而自由的世界

孩子不应该享受特殊待遇

　　贝贝是家中的"小皇帝"，处处受到特殊照顾，如吃"独食"，好吃的东西放在他面前供他一人享用；做"独生"，家长可以不过生日，可贝贝过生日得买大蛋糕、送礼物……

　　学龄前的孩子本身就有自我中心的特点，他们习惯于从自我的观点看世界，而不能认识到他人会有不同观点的倾向。此时的家长需要逐渐引导孩子从别人的角度来理解世界，学会换位思考，这样才能更好地融入社会。

　　特殊待遇不仅不能帮助孩子学会了解别人的想法，而且更强化了他的自我中心意识，并且让孩子觉得别人不重要，自己才最重要，觉得自己是世界的中心，自己的愿望一定要被满足。长此以往，孩子会变得自私，不会关心别人。家长应有意识地平衡家庭注意的焦点，把孩子视为独立的人，视为与其他家庭成员平等的人，这样就会使孩子能正确地认识自己，也看到别人。

过度关注容易让孩子自恋

洋洋是家里的"小太阳"，一家人时刻关照他、陪伴他。过年过节，亲戚朋友来了，也把洋洋当作关注的焦点，有时候家长坐一圈把他围在中心，一再欢迎孩子表演节目，掌声不断。慢慢地，洋洋觉得家里人都要围着他转，并且一天到晚不得安宁，"人来疯"特别严重，甚至客人来了闹得没办法谈话。

3~6岁的孩子都是自恋的，他们认为自己是世界的中心，孩子需要在自我探索中打破这种天然的自恋。他们需要认识社会，寻找自己在社会中的位置，而孩子没走入社会时，家长和亲人就代表了社会。家人的宠爱和过度关注容易放纵孩子的一切欲望、要求，这无异于在告诉孩子，他的一切欲望都是合理的、都该得到满足，他的自恋是对的，这会让孩子的心理发育停滞在自我中心化阶段。

没有经历"去自我中心"过程的孩子长大后心理年龄偏小，对自我的评价失衡，过高地膨胀自我角色，形成过度自我中心。作为家长，应通过讲故事、做游戏和打比喻等手段引导孩子认识他人、理解他人、同情他人，促进孩子从"自我"走向"他人"，别太沉溺于自己的世界。

过度呵护使孩子胆小怯弱

彤彤走路不小心摔了一跤，奶奶赶紧上去抱起彤彤："怎么了？宝贝儿，摔哪儿了？摔疼了吗？"

孩子走路跌倒是一件很正常的事情，即便担心孩子，家长也不必表现得惊慌失措，可以镇定地查看一下孩子的受伤情况，鼓励他自己爬起来。

孩子跟家长生活在一起，家长的情绪和态度对孩子有很大的影响，家长所表现出来的恐惧和担忧同样影响着孩子。比如，有的妈妈胆子很小，遇到一丁点儿小事就大惊小怪、惊慌失措，给孩子造成了一种恐慌的心理气氛，那么孩子在这种气氛中长大就会养成胆小的性格。因此，处理事情的时候，家长一定要沉着冷静，不要在孩子面前表现得手足无措、慌里慌张。这样会给孩子错误的认知，让孩子误以为很多事物特别恐怖，很多事情特别难以处理，容易对生活失去信心，畏首畏尾。

轻易满足让孩子无法学会自控

"我要那个玩具，马上就想要，特别特别想要！"涵涵指着一个橱窗里的玩具大声喊，甚至愤怒地要打妈妈。涵涵的要求，妈妈每次都满足，可是，这次忘记带钱包了……

　　其实，涵涵只是不能等待，因为家长的轻易满足让他缺少了一种重要的能力——自我延迟满足能力。这种能力的形成依赖于3个因素：孩子大脑生理机能的成熟、孩子认知能力的发展和后天教育的影响。孩子要什么，家长就给什么，会影响孩子发展自我延迟满足的能力。

　　著名的延迟满足实验发现，忍住不吃1块糖，最后得到10块糖的孩子自控力更强。他们很少打断别人的话，兴奋、激动、沮丧时能让自己很快平静下来，有耐心，自觉性强。培养孩子的延迟满足能力，家长可以采用累积星星、多提醒、告诉孩子等待的具体目标等办法。累积的过程是一种美好的等待，既能培养孩子的责任心，又能帮助孩子学会自我控制。

事事包办不利于孩子的自立

佳佳第一次系鞋带的时候打了个死结，妈妈马上说："我来！"佳佳第一次洗碗的时候弄湿了衣服，妈妈就再也不让她走近洗碗池；佳佳第一次整理自己的床铺，整整用了一个小时，妈妈嫌她笨手笨脚……

很多家长心疼孩子，舍不得让孩子劳动，很多家长和佳佳妈妈一样，觉得让孩子劳动太麻烦，还不如自己帮他做了。所以，三四岁的孩子还要喂饭，还不会穿衣；五六岁的孩子还不做任何家务事。

很多时候，包办代替是妈妈自己嫌麻烦。比如，穿鞋这件事，如果孩子自己穿，可能要花很多时间，但是妈妈给穿就很快。还有吃饭，如果孩子自己吃饭可能会把桌子、衣服弄得乱七八糟，但是如果妈妈喂，就省去了收拾残局的麻烦。家长这样做实际上是剥夺了孩子自己动手的机会。孩子得不到锻炼，很多能力的发展都会滞后。从小在家长的庇护下长大，孩子会逐渐丧失自立能力。

学会独立，才能成长

每当浩浩提出要独立去做某件事时，妈妈都会制止他。比如，浩浩要帮妈妈剥豆豆，妈妈说："危险！要是你不小心吃了豆豆会被呛到的。"浩浩要自己端水，妈妈说："危险，会烫到的。"……渐渐地，浩浩不再提出要求，一切都由妈妈安排。

为了绝对的安全，浩浩妈妈剥夺了孩子学习自己做事的权利，希望孩子生活在自己设想和安排好的环境里。这种做法不仅伤害了孩子

的情感，而且使孩子不能自主，并渐渐丢失了自己选择的勇气，最终变成过分依赖他人的人。甚至，还有的孩子会因此产生严重的逆反心理，一意孤行，性格古怪，心智成熟滞后，对人对事常有过敏意念和强迫行为。

家长需要珍惜和鼓励孩子的独立表现，孩子无论做什么事情都是从不会到会、从做不好到做得好。当孩子开始学习独立思考和行动时，哪怕幼稚、可笑，也是他们尝试和实践的机会，给孩子充分的空间，让他的独立性发展从身体到心理得到满足。

散养不是散漫

麦兜爸爸一直觉得孩子只要快乐就好，没必要限制太多。渐渐地，爸爸发现，这样的散养似乎也有问题：麦兜睡觉、玩耍一点儿规则都没有，喜欢睡懒觉，晚上跟着爷爷、奶奶看电视到深夜……

麦兜爸爸理解的散养，其实是散漫，这不是给孩子自由，而是给孩子获得自由制造了障碍。孩子小的时候，家长需要设置一些规则来告诉孩子什么可以做，什么不可以做，这是孩子安全探索世界的保障。

我们常说的早起早睡、按时吃饭，这些都是人的生物节律带来的规则。如果孩子经常感受的是井然有序的家庭环境，和睦友爱的人际氛围，那么孩子就容易形成追求文明、规则的美好心理。因此，规则的制定恰恰是保护孩子获得自由的，散漫无序的状态反而会让孩子缺乏安全感，不仅可能导致身体上的不适，还会形成焦躁的性格。

宣泄情绪需要正确引导

无论小辉提出什么要求，家长都尽量满足。而一旦出现不能满足的情况，小辉就在地上撒泼打滚儿，家长只好缴械投降。

哄骗、投降、依从、迁就，是很多家长对付爱哭闹孩子的法宝。其实，家长的迁就和放纵无法满足哭闹孩子的真实心理需求，反而会让孩子产生焦虑。而孩子也学会了在不顺心时以哭闹、打滚、不吃饭来要挟家长，他们容易成为自私、冷酷、怀疑他人的人，不能与别人建立良好的人际关系，不懂得爱。

这时，家长需要引导孩子学习处理情绪，教会孩子懂得接纳和宣泄自己的情感，通过正当渠道把自己的烦恼、愤怒宣泄出来，尽可能将攻击行为降到最低限度。

放手让孩子承担后果

5岁的小雨不肯吃饭，奶奶给他喂饭。小雨扭头说："要看电视。"奶奶立刻满足，继续喂饭，小雨仍然扭头不吃，奶奶着急了，说："小祖宗，你就吃一口吧！"

当家长为了孩子的一口饭向孩子乞求央告时，已经完全模糊了自己与孩子的边界。奶奶看似央求，实际上也是一种控制，会引起孩子的反抗和抵触。

爱孩子意味着学会放手，把属于孩子的自由、权利和责任还给孩子。吃饭本来就是孩子自己的事情，如果孩子不想吃饭，可以尊重孩子的意愿，用自然后果的方法让孩子自己体味因为错过吃饭而饥饿的感觉。划清界限，就是把属于孩子的事情还给孩子，让孩子体验到行为的后果，让他对自己更负责任、更留心自己的行为。

家长是同一战壕的战友

丹丹最近发现，只要自己犯错，总是会有人出来袒护她。爸爸管她，妈妈会说："不要太严了，她还小呢。"妈妈教她，姥爷会说："她大了自然会好，你小时候还没她好呢！"

时时都有"保护伞"和"避难所"，这是家庭教育观点不一致所造成的。处于幼儿阶段的孩子还没有形成独立思考和进行价值判断的能力，成人的态度尤其是家长的态度是他对自身言行做出价值判断的重要依据。孩子需要通过成人的肯定或否定来确定自己言行的对或错，当长辈之间教育要求不统一时，某些长辈往往在不自觉中就成为了孩子不合理要求或不良习惯的"防空洞"和"挡箭牌"。

家长要共同研究孩子身上存在的问题，在教育孩子时做到心中有数，让孩子心服口服。而且，家长对孩子所提出的要求应一致，意见统一。即使是意见不统一，家长在教育孩子的过程中也要互相配合，当其中一方批评孩子时，另一方不要袒护，尤其不要在孩子面前指责对方，应该互相配合、协调一致。

第六章

发育
热点问题

可以让宝宝早点儿学站吗？纸尿裤会导致O形腿吗？出牙顺序颠倒是缺钙吗？踮着脚到底是怎么了⋯⋯关于宝宝发育的疑惑，你找到答案了吗？

40多天竖抱宝宝会影响发育吗

我的宝宝40多天，她很喜欢让人竖着抱。宝宝哭闹时，只要竖起来抱，她马上就不哭了。请问可以竖着抱宝宝吗？这样对她的发育会不会有影响？

很多孩子都喜欢被竖着抱，这不是因为孩子天生就喜欢让家长竖着抱，而是因为家长竖着抱孩子时，他的视野会更开阔，他能看到更多周围的环境，而这些东西躺在床上根本看不到。尝到了竖着抱的甜头，孩子当然更愿意被竖着抱了，这完全是家长造成的，跟孩子没有什么直接关系。

一般来说，孩子6个月以内不鼓励竖抱，因为孩子的颈部肌肉发育还不能承受竖立的头。如果孩子哭闹要竖着抱，可以让他趴着，这样也可以看到周围的环境。当孩子的腰背部肌肉、四肢肌肉和协调性发育到一定程度时，自然会过渡到坐和站。此外，让孩子趴着时，家长可以经常变换孩子周围环境里的小装饰。比如，换换床单、床帏的颜色、花样，换换他旁边的玩具，或者在他旁边放一些带声响的玩具，这样孩子就会对趴着这种姿势逐渐有兴趣了。

可以让宝宝趴着睡吗

我的宝宝1个多月了，听说经常趴着对宝宝的发育特别好，那可以让宝宝趴着睡吗？

让孩子趴着睡，后脑勺儿不会受到压迫，容易塑造后脑勺儿浑圆的头形。可是，3个月以内的孩子要慎重选择趴着的睡姿，以防婴儿

猝死，但如果有家长看护，也可以让孩子短时间趴着睡觉。考虑到趴着潜在的窒息危险性，目前国内还是不太提倡让1岁以内尤其是不会翻身的孩子趴着睡。

1个多月的孩子趴着睡时，口水不好下咽，容易造成口水外流。并且，孩子的头相对较大，而颈部力量还不足，不会随意转动头部及翻身，口鼻容易被枕头、毛巾、被褥等堵住，有发生窒息的危险。另外，孩子趴着睡时，颈部扭曲，会加重上呼吸道折叠、凹陷，形成气道阻塞，也可能出现窒息。所以，1个多月的孩子虽然可以趴着睡，但需要有专人一直在旁边看护，而且床不能太软，也不要用枕头。

还要提醒家长的一点是，孩子的小床周围不要放杂物，比如塑料袋、纸、枕巾、尿布等，孩子顺手一抓，即使是仰躺着睡也有可能盖住口鼻而造成窒息。

趴着这个动作有利于孩子颈背部肌肉的发育，促进大脑对运动功能的控制，经常趴着还能缓解肠绞痛的症状。不过，趴着的时间最好选在睡醒后，吃奶前。孩子在趴着的时候会自行调节运动和休息，不会被累坏的。

侧睡会影响宝宝的骨骼发育吗

　　我的宝宝马上3个月了，他总喜欢侧身睡觉，这样会不会影响他肩膀和胯部的骨骼发育？都说宝宝的骨头是软的，可塑性很强，如果经常侧睡的话，是不是会使骨头受到压迫，影响到宝宝肩膀和胯部的骨骼发育？

　　孩子侧睡不会影响骨骼发育，这点家长大可放心。但也不建议孩子长期朝一个方向侧躺，因为刚出生不久的孩子头颅骨骨缝还没有完全闭合，颅骨比较软，具有非常大的可塑性，如果长期朝一个方向侧躺，容易影响孩子的头形和脸形，造成两边脸不对称，影响发育和美观。

　　那么，怎么睡才能让孩子的头形长得好？最好仰卧、侧卧交替，侧卧时也要经常变换方向，左右均匀地侧睡，这样能让孩子的颅骨得到均衡的发育，既能让孩子安全、健康地生长，也能帮他睡出漂亮的头形和脸形。有的家长经常问到，听说俯卧可以让孩子睡出更好的脸形，可不可以让孩子采取俯卧的姿势睡，其实，俯卧也不是完全不可以，但要以安全为前提，要特别小心，在家人的严密看护下，可让孩子短时间俯卧。

　　其实，在各种睡姿中，侧卧的睡姿是最被推荐的，好处在于：孩子朝右侧睡时，有利于食物从胃顺利进入肠道，使消化过程比较顺畅。如果发生溢奶，呕吐物也会从嘴角流出，不会引起窒息。另外，侧躺时可以减少咽喉部分泌物的滞留，使孩子的呼吸道更通畅。

竖抱时为何宝宝的身子往后仰

我的宝宝刚刚3个月，我们已经开始竖着抱他了，他好像也挺喜欢这个姿势的。可是，最近我发现，竖抱宝宝的时候，他的头还有身子会猛地往后仰，拉都拉不住，这是怎么回事？

刚刚3个月的孩子，目前竖着抱有点儿太早了，容易影响孩子的骨骼发育，此时不妨让他多在床上趴一趴，先练习抬头。当孩子抬头抬得很稳了，说明他脖子的肌肉力量已经足够强，这时竖着抱才安全。如果孩子趴在床上抬头还很困难，或者每次抬头的时间还很短，那么，除了每次喝完奶后给他拍嗝时竖着抱他，其他时候先不要着急竖着抱他。

6个月之内的孩子因为脖子的肌肉力量还不够强，竖抱的时候都有可能会后仰，因此，对于6个月之内的孩子，抱他的时候一定要记住：用一只手托住他的颈部和背部，尽量别让他后仰，因为后仰可能会对孩子的身体带来伤害。

孩子大些后，竖着抱时家长就可以不用托着他的颈部了，因为他的颈部肌肉已经足够强，自己可以很好地控制了。一两岁的孩子愿意后仰，是他有意识地在玩，而不是控制不了，就像成人也会后仰，但由于我们的肌肉力量足够强，可以控制自如，所以后仰不会有任何问题，这与年龄、肌肉发展关系密切，与孩子的肌肉发育程度有关，不能着急，急于竖抱不仅对孩子的发育无益，反而有害。

百天宝宝趴着时抬不起头是怎么了

我的宝宝100天了，他趴着时还抬不起头来，竖抱时头也不能竖起。在社区医院体检，医生说这种状况是不合格的，需要复查看宝宝是否脊柱无力，好担心呀！

一般来说，满1个月的孩子在俯卧的情况下可以有抬头的动作，满2个月时，孩子不仅可以抬头，而且抬头时胸部可以离开床面。趴着不仅可以促进孩子颈背部肌肉的发育，利于抬头，而且还能刺激全身肌肉协调，促进大脑对运动功能的控制。

如果孩子满100天了，趴着时还抬不起头，竖抱时头也不能竖起，确实不合格，但不能简单地由此判断孩子就是脊柱无力。这种情况首先要考虑的不是脊柱无力，而是肌肉力量不够。而肌肉力量不够，绝大多数情况下，并不是孩子本身的发育有问题，而与家长的养育方式有关系，比如，家长从来没有让孩子尝试过趴着的姿势，趴着是小宝宝最好的锻炼方式，如果没有让孩子经常趴着，他脖子的肌肉得不到锻炼，肌肉的力量不够强，自然无法抬头。如果是这种情况，一定要让孩子经常趴着，肌肉力量增强了，孩子才能够发育正常。

如果家长在孩子很小的时候就经常让他趴着，但到了100天，孩子还是不会抬头，这种情况应该尽早去看医生，检查孩子是否有神经系统发育的问题，及早发现，及早治疗，以免影响孩子今后的发育。

此外，很多孩子喜欢被竖抱，这样视野开阔，但是，孩子在6个月以内不鼓励家长过多竖抱，竖抱时孩子出现后仰现象，说明他的颈部肌肉发育还不能承受头部的重量。遇到这种情况，要停止竖抱，让孩子尽可能多地趴在床上，通过抬头动作逐渐锻炼孩子的颈背部肌肉。只有颈背部肌肉结实了，竖抱时才可能承受头部的重量。

可以让宝宝早点儿学站吗

我的宝宝快4个月了，他活泼爱动，不喜欢我们抱着他，特别喜欢我们扶着他的腋下站在我们的大腿上玩儿，有的时候还会自己蹦一蹦。请问可以让宝宝早点儿学站立吗？

四五个月的孩子根本达不到站的要求，所以不鼓励孩子这么早站立。因为从医学的角度看，孩子的骨骼钙化还不完全，骨质较软，下肢骨骼的强度还不足以支撑他的体重。一般来说，站这个动作要到孩子10个月以后才能做到，有个别的孩子可能会更晚一些。虽然有的孩子刚刚四五个月就喜欢站立，但不能因此就鼓励他一直站，这个月龄的孩子应该多趴，而不是早早让他站立，即使有大人托着也不鼓励这样做，这是一个发育的过程，父母要尊重孩子的自然发育过程，不能人为地将它提前。

有的家长有疑问：提前站立即使没有好处，但也不会有什么坏处吧？这样的想法不对，提前站立不仅对孩子的发育没有好处，而且还会影响孩子的正常发育。孩子处于生长发育的旺盛阶段，骨骼结构以软骨成分为主，骨骼富有弹性，可塑性强，肌肉的力量比较薄弱，下肢骨骼还没有足够的承重能力负重时，如果长期处于站姿，骨骼会弯曲变形，容易出现畸形；另外，孩子在站的时候，腿部和脊柱的压力很大，如果孩子再蹦一蹦，脊柱承受的压力会更大，损伤的概率就更大。

孩子会站和会走，是以他能自主控制身体的平衡为前提的，如果在他还没能自主控制身体平衡的时候就扶着他站和扶着他走，这时孩子的身体重心是倚靠在大人手上的，这样做不仅不能让他更早地学会站和走，而且不利于他的肌肉发育和骨骼发育，所以，早早地扶着孩子练习站和走没有意义。

4个月脖子还很软正常吗

我家宝宝4个月了，抱着坐的时候头还摇摇晃晃的，脖子很软，身体也很软，不硬实，这种情况正常吗？

4个月的孩子不能坐起来，这很正常。这个月龄的孩子根本就不应该坐。孩子的大运动发展要顺其自然，什么时候会坐、什么时候会站等都不是训练出来的，而是自然发生的事情。家长一定要注意，不要揠苗助长，顺应并尊重孩子发育的规律。对照世界卫生组织公布的婴幼儿大运动发育时间表观察孩子的发育情况，会使家长在遇到此类问题时理智很多。

孩子满5个月以后就不满足于继续躺着了，总想自己坐起来。即便孩子有想坐起来的愿望，家长也不要为了满足孩子或者自己的想法，让孩子靠着沙发等支撑物独自坐着，这样会对他的脊柱发育不利。如果孩子不到年龄却特别想坐，可以让他多练习趴着，趴着有利于腰背肌肉和大脑的发育，又可以缓解想坐的欲望。

孩子会坐的时间通常在6个月左右，当孩子能够独立坐在床面并能平衡自己的身体不晃动时，说明孩子已经有了独坐的能力，只要是在满9个月前完成独坐这个动作，孩子的发育就是正常的。如果在独坐的阶段孩子做不好，还是要让他多趴着，因为趴着不仅可以锻炼孩子的腰背部肌肉以及肢体的协调能力，也有利于控制体重的增长。

4个月的宝宝站立时无力是否正常

我家宝宝4个多月了，身长和体重都在中上等水平，但是，我们扶着他的腋下让他站立时，他的双腿好像没有力气，支撑不住身体。是不是宝宝的肌张力高，有脑瘫的可能？

4个多月的孩子还只会抬头、翻身，托着他腋下扶站时下肢无力支撑，这是非常正常的表现，因为孩子的骨骼还没有完全发育到能支撑身体的全部重量，腿部肌肉的力量也比较薄弱，自然支撑不住身体了。其实，4个月大的孩子只要翻身很利索，就不用担心他的运动发育有问题。帮助孩子锻炼可以，但千万不要操之过急、揠苗助长，按孩子的发育规律让他自然地成长，才是科学的育儿之道。

肌张力高往往预示着孩子的脑部存在不同程度的损伤，因此，肌张力高与脑瘫确实有一定的关联。

小手经常呈握拳状，拇指内扣。

脚腕经常呈内扣状，脚趾下扣，呈剪刀状。

肌张力高的表现

牵拉四肢时，感觉抵抗力强，很难拉开或活动。

手扶站立在硬的平面，脚一直内扣或踮脚等。

扶着孩子腋下站立时，孩子出现双腿无力的现象是正常的，并不是肌张力高，家长不必担心。但是，要提醒家长的是，4个月大的孩子不应该学坐、练站，而是应该让他多趴着。

4个月的宝宝可以经常斜坐着吗

我的宝宝4个月了，他特别喜欢让大人抱着，把他放在床上他就哼哼，可以经常斜抱着让他坐在我们身上吗？或者把他放在婴儿车里，45度倾斜躺着，这样会影响他的脊椎发育吗？

首先需要强调的是，4个月的孩子可以放在婴儿车里，或者斜抱着，但这些动作都应该是短时间的行为。比如，为了抱孩子去某个地方，或者为了带孩子出门时。如果是短时间的行为，对孩子的脊柱发育是没有影响的。但是，如果说放在婴儿车里半躺或者斜抱坐着是在家里的常态，这一定会影响孩子的发育，不建议这样做。因

为4个月的孩子脊柱的力量还不足以支撑起他的身体，他的腰部是不能挺直的。虽然孩子半躺着，但脊柱还是会承受一些压力，长时间让孩子保持这种半躺的姿势，会令他的脊柱承受过大的压力，对他的脊柱发育会有一定的影响。

虽然家长爱孩子的心理可以理解，但也不要过多地抱孩子，最好能够给孩子充分的自由，让他多趴着。如果孩子情绪不好，抱着他哄哄是可以的，但是等到孩子安静以后，还是应该把他放在地垫上或者床上，让他继续趴着。长时间抱孩子对于孩子的发育会产生不好的影响，容易阻碍孩子的正常发育。

可以让5个月的宝宝经常练习坐吗

我看网上说可以两手拉着宝宝的手训练他练习坐起，这样能让宝宝早学会坐，促进他的发育。我家宝宝刚5个月，可以这样做吗?

5个月大的孩子，家长双手拉他由躺而坐起，或是扶着他的腋下让他在家长腿上蹦，不建议这样做。网上的说法可能是把医生检查的动作误认为是在锻炼孩子了，其实医生是在检查孩子的反射现象，比如医生扶着新生儿的腋下，是看他有没有踏步反射，但并不意味着孩子可以练走了；孩子趴着的时候，医生顶一下他的脚，是看他有没有往前爬的反射，并不是直接推着他爬。

婴幼儿的大运动发育讲究的是水到渠成，过早地让孩子在家长腿上蹦跳，或者进行拉着孩子由躺至坐等所谓的锻炼，其实都不利于孩子的发育。家长一定要记住：不要揠苗助长地促进婴幼儿大运动功能的发育，否则会适得其反。

看东西时眼球向内集中是对眼吗

我家宝宝快6个月了，最近他看东西时眼球有点儿集中，还喜欢把双手放在眼睛前玩，看上去像对眼，请问这样下去会变成对眼吗?

有些细心的家长会发现，孩子在看东西时，眼睛有点儿向内集中，担心孩子是对眼，其实，绝大多数的孩子出现这种情况都是正常的。因为3岁以内的孩子小脸通常都是肉鼓鼓的，再加上鼻梁比较

宽、比较低，使得靠近鼻梁的内眼角形成垂直的半月形皱褶，遮盖住了内侧眼白，造成假性对眼的现象。如果家长轻轻揪起孩子的鼻梁，会惊奇地发现对眼现象消失。所以，如果是这种情况，可以等孩子鼻梁长高些，大约3岁后，孩子的假性对眼现象就会自行消失。

但是也有个别孩子确实是眼睛发育出了问题，这种情况通常表现为：孩子看东西时双眼不能聚焦、运动时双眼活动不一致等。比如，让孩子看着一支笔，如果他一只眼睛先动，另一只眼睛后动，或者一只眼睛看着笔，另一只眼睛看向别处，都说明孩子的眼睛有问题，要及早看眼科医生。

家长平时可观察孩子的两只眼睛能不能停在一个点上，这才是判断孩子眼睛是否有问题的关键，如果两只眼睛停留在一个点上，即使看着像对眼，问题也不大；如果不能停留在一个点上，要马上去医院检查。

宝宝为何经常用手抓耳朵

我家宝宝6个月了，他经常用手抓耳朵，甚至用手指抠耳朵里面，有时还拍头，看着像耳朵痒的样子，该不会是耳朵有炎症吧？

有些观察仔细的家长会发现孩子经常用手抓耳朵，甚至用手抠耳朵，这种情况通常有两个原因，一是孩子发现耳朵这个东西他能抓住，他觉得这样很好玩，耳朵在他眼里就是一个玩具。二是可能孩子觉得耳朵有点儿不舒服，所以不自觉地用手去抓、去抠，这与孩子的生理特点有关，孩子的两个内耳发育还不成熟，因而出现平衡上的轻度异常，他会觉得里面有东西，如同成人乘飞机后感觉耳内有异物一样。

内耳发育不均衡导致的不舒服，不同的孩子感知的程度有差别，有的孩子重到坐车就吐、坐车就哭，这是因为他内耳发育不均衡导致了晕车，而有的孩子却没有任何不舒服的表现。家长可以经常带孩子玩转椅和秋千，通过这些锻炼可以促进孩子两侧内耳的均衡发育。随着孩子的成长，两侧内耳的功能会逐渐对称和完善起来。

但是，如果孩子在揪耳朵的同时还伴有发热、爱哭闹、食欲降低，甚至耳朵中流出黄色或白色的液体等表现，有可能是患上了中耳炎，家长应该及时带孩子就医。

宝宝囟门一直没有扩大是异常吗

我的宝宝6个月了，是顺产儿。我有一个担心，就是他出生之后，囟门一直没有扩大，是不是宝宝的大脑发育有异常？

孩子囟门的变化比较有意思，它会经历一个由大变小、由小变大、再由大变小的过程。

为什么囟门不是直接由大逐渐变小呢？因为孩子出生后，颅骨不像成人那样已经没有缝隙，而是每块骨骼间存有缝隙，并且可以在一定范围内移动。孩子出生后相当长一段时间，骨缝都处在没有闭合的状态，细心的家长可以摸到骨缝或颅骨轻度重叠。颅骨轻度重叠是因为孩子如果经由产道分娩而出，很可能会对颅骨造成挤压，所以颅骨有的地方会有重叠，这样孩子刚出生时囟门就显得小。过了几个月，颅骨重叠会自然消失，囟门就变大了。另外，孩子睡觉的姿势也会造成颅骨形态的变化，比如睡成偏头、歪头时，囟门有可能会变小。

所以，虽然理论上说，囟门是由大逐渐变小的，但实际上孩子的颅骨会因为不同原因有一个位置的游离，可能会导致囟门大小、头围大小、颅骨对称和不对称等变化的发生。因此，家长不应该仅仅关心孩子囟门的大小，判断孩子大脑的发育必须结合头围、前囟、骨缝的测量，加上大脑和神经系统的发育情况来综合判断，不要单一看其中的某一项就直接判断孩子的大脑发育有异常，比如前囟过小等。只有全面评估才能了解孩子大脑的发育是否正常。

是不是囟门闭合越晚越好

我的宝宝8个月了，听朋友说，囟门闭合越晚越好，说如果闭合了大脑就不发育了，这是真的吗？

囟门是指孩子颅骨多块骨骼交接处存有的菱形区域，分为前囟和后囟。后囟小，一般会在孩子出生后3个月左右生理闭合。颅骨骨缝一般会在孩子出生后6个月闭合。前囟较大，一般会在孩子出生后18~24个月闭合。囟门过早闭合不利于大脑的发育，因此很多家长会认为囟门闭合得越晚越好，担心囟门过早闭合，大脑就不发育了。

任何事情都有一个正常的中间值，不是越晚越好，也不是越早越好，一定要遵循孩子的发育规律。所以，我们需要了解囟门的闭合时间，掌握孩子的头颅发育情况，比如大概什么时候会闭合，了解早闭合或晚闭合都是不正常的。

其实，囟门的闭合只是一个相对的闭合，而不是生理的融合，并不是说头骨完全融合在一起了。闭合实际上就是一个连接，家长摸不到缝隙，不过孩子的头围还可以逐渐地增长，所以家长不用太担心。

判断孩子大脑的发育，不仅需要测量前囟，还要关注颅骨骨缝和头围，其中观察头围增长最为重要。只要头围平稳、正常地增长，就会间接反映大脑的发育正常。需要提醒家长的是，对于囟门闭合过早的情况要引起注意，这种情况叫无缝早闭，或叫狭颅症，可能对孩子的大脑发育有一定的影响。

出牙顺序颠倒是缺钙吗

我女儿9个半月，下面两颗门牙已经长出，现在上面的门牙没出，倒是门牙左侧的牙齿先出了。出牙顺序颠倒是缺钙吗？另外，孩子出牙比较晚，需要担心吗？

孩子乳牙萌出大多会按以下顺序：最先萌出的是中切牙（大门牙），随后依次是侧切牙（门牙两侧的切牙）、第一乳磨牙（小磨牙）、单尖牙（虎牙）、最后长出第二乳磨牙（大磨牙）。大约在孩子1岁的时候，会长出6颗牙，在2~3岁时基本能出齐20颗乳牙。

这个出牙顺序是按照大多数孩子出牙的情况来统计的，但并不是绝对的。每个孩子的出牙顺序并不完全一致，有的孩子会出现个别牙齿萌出顺序颠倒的情况，这跟是否缺钙没有关联，另外，出牙顺序颠倒并不影响牙齿最终的排列，不用太担心。

孩子出牙时间也有很大的个体差异，出牙晚与缺钙无关。在胎儿期牙胚即已形成，孩子出生后，牙齿在不断生长（在牙龈内生长叫长牙）、萌出（已经长出牙龈肉眼可见，叫出牙）。

出生后5个月内开始长牙的孩子占10%

7个月前长牙的孩子占50%

出生后10个月还未长出牙的婴儿约占10%

10个月前长牙的孩子占90%

如果孩子发育、发展正常，没有特别的疾病，即使出牙的时间晚一些家长也不必担心。

经常穿纸尿裤会影响腿部发育吗

儿子快11个月了，一直使用纸尿裤，婆婆说长期使用纸尿裤会使宝宝的腿长不直，影响腿部发育，是不是真的?

用纸尿裤对孩子今后的腿部发育不会产生不好的影响，因为孩子1岁之前，双腿都不能完全并拢，中间存在一定的缝隙，所以说孩子天生都有点儿罗圈儿腿，这个缝隙完全可以容纳纸尿裤，不会影响孩子的下肢发育。不知道家长有没有注意到，在孩子摘掉纸尿裤后，他的腿张开的角度并没有减小，当孩子穿着纸尿裤的时候，孩子的腿也不会因此而外张。也就是说，纸尿裤看起来会使两腿之间的地方很宽，但只要孩子一穿上，两腿一夹，纸尿裤自然就皱起来了，并不会起到撑开腿的作用，所以家长不用紧张。

目前，没有数据证明纸尿裤与腿形异常有明显的相关性，孩子的腿形出现异常，主要是缺钙及在学步时训练方法不当造成的。不过，要提醒家长注意的是，孩子如果比较大了还继续穿纸尿裤，他走路时可能会养成不好的习惯，所以2岁以后的孩子最好不要再穿纸尿裤了。

刚学步时脚后跟外偏要纠正吗

我的宝宝11个月，他可以自己走路已经6天了。我发现他走路时脚后跟向外偏，请问这种情况是否需要纠正？该如何纠正？

这种情况不用太担心，这是孩子刚开始学步时的正常表现，不需要特意纠正。因为孩子刚开始走路时，不容易掌握平衡，在学步过程中需要慢慢探索平衡度。刚开始学走路，他会试图让身体保持平衡，之所以会出现脚后跟向外偏，是因为小脚横着时比较容易掌握平衡。在孩子还不能很好地掌握身体平衡的情况下，腿弯、双手往外展、走路蹒跚等姿势，都是孩子为了保持平衡而出现的。孩子刚刚会走路才6天，身体肯定还不是很灵活，所以，孩子出现这样的情况是在学着掌握平衡，很正常。

其实，孩子的这种反应也是人掌握平衡的一种能力，成人也一样，如果在比较滑的路面行走时，要想走稳，一定会脚后跟向外偏，似乎觉得这样就稳定些。这种情况会随着孩子走路经验的丰富和灵活性的增加而有所改善。

宝宝多大可以使用学步车

我的宝宝13个月，该学走路了，是不是可以用学步车来帮助孩子学走路？一般来说，宝宝多大可以使用学步车？

注意，不管孩子多大，都不建议使用学步车。

之所以不赞成使用学步车帮助孩子学步，是因为站、走、跑、跳都是随着孩子发育自然而然就会的事情，不是练出来的。最关键的是，学步车是一个圈，将孩子围住，并且有一个较宽的带子置于孩子的两腿之间，这种情况会导致孩子在学步车里不能真正站立，腿不能蹬直。所以，孩子在学步车里只能叉着腿走，这样容易导致O形腿。并且，孩子尚未成熟到能够行走时，如果强迫他行走，容易造成足弓发育不良、腿部关节异常和脊柱骨骼发育受损等问题。

如果孩子已经能够站立，并且想走路，可以给他使用助步车，助步车可以让孩子推着走，速度不是很快，使用这样的助步车可以帮助孩子练习走路，对他的发育不会产生不良影响。

走路时右脚向外撇正常吗

我的宝宝1岁2个月，刚开始学习走路。我发现他走路时外八字特别厉害，尤其是右脚，请问这种情况正常吗？是否需要纠正？

1岁2个月的孩子刚开始学走路，脚向外撇是正常的，是为了行走时身体能保持一个相对的平衡，即便是一只脚外偏得更厉害，也没有太大关系。因为孩子刚开始学走路，保持平衡的力量不会使用得那么均衡，所以会出现一只脚用力更多的情况。

随着孩子年龄的增长，走路经验的增加，慢慢地，他就会知道运用最省力的方式走路了，行走的姿势也会逐渐转为正常，所以不必急于纠正。

穿纸尿裤会使男宝宝将来不育吗

儿子1岁半了，我一直给他穿纸尿裤，听说男孩子穿纸尿裤会导致将来不育，这样的说法靠谱吗？有时候发现孩子的生殖器发红，会不会对他的发育造成影响？

有这么一种理论，说男孩使用纸尿裤，经常捂着生殖器，会造成局部温度过高，可能会影响孩子以后的生育能力。其实，孩子的小便排出来后，阴囊的局部温度就会降至室温水平，不会一直处于高温水平，所以家长不用那么紧张。而且，无论是使用尿布还是纸尿裤，都会提高阴囊内的温度，但到目前为止，还没有数据说明使用纸尿裤与男性不育有关。一句话，正确使用纸尿裤而引起的温度变化，不会对生殖健康产生不良影响。

孩子的生殖器变红，可能是因为纸尿裤里的温度过高，被捂得起了痱子，只要及时给孩子换上干爽的纸尿裤就不会对他的生殖器发育产生不好的影响。如果生殖器总是红红的，应该让医生检查一下，等恢复以后再征求医生的意见，看是否能给孩子继续使用纸尿裤。

站立时脚尖着地正常吗

最近我发现宝宝站立的时候总是脚尖着地，脚后跟不着地，有人说这种情况很有可能是脑瘫。我好担心啊，宝宝会不会真的有脑瘫？

孩子站立时脚尖着地，要分情况看待。

一种情况是，孩子正在学习站立或走路，对于才刚开始学会站立或走路的孩子，踮着脚站立或走路是正常的。这个时期孩子的足跟腱还没有发育完全，对如何控制腿脚来保持身体平衡还不熟练，所以喜欢脚尖着地。这种姿势并不是病态，会随着孩子走路越来越熟练而慢慢消失。

孩子学站立和走路时为什么喜欢脚尖着地？因为孩子在学习站立和走路的过程中，通过爬到扶着物体站立，大多是脚尖先着地，只有脚尖着地以后，他才能走。另外，如果家长在托着孩子的腋下扶着他站立的时候，孩子被家长用力往上支撑着，他自然就用脚尖着地了。

另一种情况需要引起注意，在孩子还没有开始学习站立或走路时，脚就经常绷着，就像跳芭蕾的脚似的，或者孩子已经1周岁且已经学会熟练走路后，还是用脚尖点地，发现这种情况，最好带孩子到医院检查，因为这种情况有可能是下肢肌张力高。肌张力高表现为：下肢伸直、内收交叉、呈剪刀状，站立的时候脚尖着地。肌张力高的孩子有小儿脑瘫的可能，要及时就医。

骶尾部为何出现小窝

我的宝宝刚出生时，就发现他的骶尾部皮肤有一个小窝，没有毛发，也没有色素沉着和渗液，大小便都正常。但我还是不放心，想知道为什么会长这个小窝？

骶尾部小窝又叫藏毛窝，是位于脊柱下和臀部上骶尾部的一个小凹，经常会有较密集的毛发聚集于此区域，这通常是正常的生理现象，仅是脊髓末端的一个标志。

关于这个问题，要从胎儿的发育说起：随着胎儿脊柱的发育，皮肤会逐渐覆盖住胎儿的背部。如果脊柱末端发育不够完善，覆盖于此部位的皮肤就会不平整，有时一小部分脊髓与生长中的皮肤紧密相连，并用力向下拽皮肤，将局部的皮肤拽至脊髓的终底部，形成一个小小的深凹。很多人终生有这样的小窝，绝大部分没有其他问题存在。

但也有少数情况有可能是由于存在隐性脊柱裂，也就是骶尾部骨骼出现了发育不全的裂口所导致的。这种情况除了局部皮肤出现缺损，还大多伴有下肢活动异常的情况。随着孩子的成长，隐性脊柱裂会导致孩子逐渐出现下肢不同程度的畸形、瘫痪、感觉丧失、大小便失禁、尿潴留和便秘等各种症状，危害比较大。

为排除隐患，对于任何小窝、小坑或多毛现象，都要带孩子去看医生，以确定是否存在骶尾部骨骼发育异常的问题。如果骶尾部虽有小窝，但孩子的下肢活动正常，经过骨科医生检查没有骶尾部骨骼发育的问题，就可以不必担心。

穿连体衣会导致罗圈儿腿吗

宝宝连体衣可爱又暖和，我一直想买，可是婆婆坚决反对，理由是穿连体衣小屁屁不透气，从头包到脚会影响腿部发育，长成罗圈儿腿。我看国外的孩子穿连体衣的很多，不也没事嘛。穿连体衣到底会不会导致罗圈儿腿?

给孩子穿连体衣有一定的好处：穿连体衣的孩子可以自由活动，对生长发育有好处，而且妈妈给孩子换尿布也很方便。另外，连体衣容易穿脱，也不会翻卷起来，保暖性比较好。

至于家长担心的连体衣会导致孩子的下肢发育异常，使孩子出现O形腿（俗称罗圈儿腿），其实这种担心不必有，除非经常给孩子穿过短的连体衣。倒是过早让孩子在家长腿上蹦跳，早期训练孩子站立、行走等，可能会导致孩子今后出现罗圈儿腿。

当然，选择连体衣是有讲究的，除了不要给孩子穿过短的连体衣，家长更要注意的是，不要给孩子穿带袜子的连体衣，因为家长在托着孩子的腋下抱起孩子时，这样的连体衣容易跟着家长的手往上堆。如果穿不带袜子的连体衣，孩子的小脚丫、小腿会露出来，腿部仍能保持自然的姿势。而如果穿着带袜子的连体衣，他的小脚丫是无法露出来的，衣服往上堆时，会导致腿被迫弯曲着，时间长了，对他的腿部发育会有一定的影响。

因此，在连体衣的选择上，宜宽松，忌紧绷，不要选择带袜子的连体衣。孩子好动，如果衣着过紧，将不利于他四肢的舒展和活动，长期缺少活动，肯定会影响孩子的生长发育。给孩子穿上宽松的衣服，活动起来灵活自如，不仅孩子心情愉悦，而且能加强锻炼，对他的身体健康大有好处。

2个月的宝宝可以躺在提篮式手推车里吗

我的宝宝2个月了，可以让他躺在那种提篮式手推车里吗？

2个月的孩子，如果要带他出门，可以让他躺在手推车里。但是如果在家里，则没有必要经常这样做。

2个月的孩子，脊柱的生理弯曲还没有形成，孩子应该平躺着或者趴着，斜躺着或竖着抱都会给他的脊柱带来压力，时间长了会造成脊柱的伤害，所以不能经常让他斜躺在手推车里。

有一种特殊情况，就是有频繁呕吐的孩子，喝完奶可以将他放在婴儿车里，让他稍微斜着躺一会儿，这样做是为了避免食管反流，不过这种情况需要在医生的建议下进行。

爬得过早会影响腿部发育吗

我家宝宝还不到7个月，可他已经很喜欢爬了，让他趴在床上，他的小身体就一拱一拱地想向前爬。我家宝宝比较胖，爬得过早会不会影响他的腿部发育？而且他爬的姿势不对，只会倒退着爬或原地转圈爬，需要纠正他吗？

如果孩子自己有爬的兴趣，就可以让他练习一下，不用担心会影响他的腿部发育。孩子的发育有早有晚，孩子的发育不是一个"点"，而是一个"段"，也就是说，是在一个时间段内。孩子之间存在比较大的个体差异，不是说每个孩子都必须卡在同一条线上。

很多孩子刚开始学爬的时候，都会有这么一个阶段，不是倒退着

爬就是以肚皮为轴心转着圈爬，这都是很正常的。对孩子来说，倒退着爬比向前爬要容易。家长可以在孩子刚学爬的时候帮助他一下，轻轻推推他的小屁股或小脚丫，给他一个助力，他就会往前爬了。

不经过爬直接走路会不会影响宝宝的发育

我家宝宝1岁了，别的宝宝早就会爬了，可他一直就不会爬，也不愿意爬。现在他倒是很喜欢让我们扶着他走路，有时都能自己走上两三步了。宝宝不经过爬行阶段就直接走路，会不会对他的发育有影响？

孩子最好经过爬行阶段，因为爬对孩子的协调能力、空间位置、定向能力都有帮助。如果没有经过爬的阶段，孩子今后的协调性就可能会差一些，比如有的孩子上幼儿园、上学后，写字歪歪扭扭，不会跳绳，拍皮球也拍不好，这就是协调能力、平衡能力比较差。

如果孩子确实不愿意爬，家长今后可以在孩子走稳之后陪他一起多运动，让他尽可能多跳多跑，通过这些运动，使孩子的协调能力和平衡能力得到锻炼和加强。

后记

2013年，《父母必读》杂志及父母必读养育科学研究院共同推出"推动自然养育人物"的评选，旨在倡导尊重儿童成长的规律，倡导回归健康自然的养育方式。

那一年，一位医生当之无愧地成为了年度人物。入选理由为：坚持不懈地做医学科普宣传，做儿童健康的坚定守护者，让孩子少吃药、少用抗生素，相信自身免疫力，让无数父母减少了对疾病的恐惧……用信念与勇气、实践与坚持，抚慰着这个时代的育儿焦虑，引领自然育儿风尚。

这位医生是崔玉涛。从2002年，在《父母必读》杂志开设"崔玉涛大夫诊室"栏目起，我们便共同致力于一件事情——儿童健康科普传播。一晃十几年已过，虽然今天传播的介质不断发生着变化，初心却不曾改变。

继"崔玉涛大夫诊室"栏目十年磨一剑的大成之作《崔玉涛：宝贝健康公开课》后，再度碰撞出新的火花——"崔玉涛谈自然养育"。这套书充分体现着一位优秀儿科医生一贯倡导的理念与思维方式：尊重儿童成长的规律，运用科学+艺术的方式让儿童获得身心的健康。

同时，作为彼此理念高度一致、相互信赖的伙伴，在崔玉涛医生的邀请下，《父母必读》杂志、父母必读养育科学研究院为这套丛书注入了一些儿童心理与社会学视角，希望全角度地帮助家长读懂成长中的孩子。

科学+艺术，生理+心理，自然+个性，有温度有方法，真心希望这套图书能够帮助更多的年轻父母穿越育儿焦虑的困境，回归自然的养育方式，充分享受为人父母的旅程。

特别感谢由覃静、柳佳、严芳等组成的编辑团队对本套图书的付出与贡献。

恽梅

《父母必读》杂志主编

《0~12 个月 宝贝健康从头到脚》

崔玉涛医生的第一本翻译作品

6 步全方位细致解答 0~12 个月婴儿常见健康问题